工业产品
材料与构造

陈 峰　李庆德　夏兴华　编著

化学工业出版社

·北京·

内 容 简 介

　　材料是制造业发展的基石，以硅基材料、高强合金、碳纤维等高性能纤维、石墨烯为代表的纳米材料等新材料近年来发展迅速，在越来越多的行业内得到广泛应用。《工业产品材料与构造》是高等教育工业设计领域的一门专业必修课程的配套教材，结合艺术、结构、材料与成型工艺等多方面知识，配合实例，介绍常见工业产品的设计思路与方法。

　　本书适于工业设计相关专业的本科生使用，也可供工业设计的设计人员参考。

图书在版编目（CIP）数据

　　工业产品材料与构造/陈峰，李庆德，夏兴华编著 . —北京：化学工业出版社，2021.5（2022.9重印）
　　ISBN 978-7-122-38621-2

　　Ⅰ.①工… Ⅱ.①陈… ②李… ③夏… Ⅲ.①工业产品-产品设计 Ⅳ.①TB472

　　中国版本图书馆 CIP 数据核字（2021）第 039120 号

责任编辑：邢 涛　　　　　　　　　　文字编辑：袁 宁 陈小滔
责任校对：王素芹　　　　　　　　　　装帧设计：韩 飞

出版发行：化学工业出版社（北京市东城区青年湖南街 13 号 邮政编码 100011）
印　　装：北京建宏印刷有限公司
710mm×1000mm　1/16　印张 15¼　字数 300 千字　2022 年 9 月北京第 1 版第 4 次印刷

购书咨询：010-64518888　　　　　　　售后服务：010-64518899
网　　址：http：// www.cip.com.cn
凡购买本书，如有缺损质量问题，本社销售中心负责调换。

定　　价：89.00 元　　　　　　　　　　　　版权所有　违者必究

前言

　　作为战略性新兴产业和中国制造 2025 重点发展领域之一，新材料是整个制造业转型升级的产业基础。发展新材料产业是我国经济高速发展转向高质量发展的新动能，是深化供给侧结构性改革的重要举措，是振兴实体经济的活力源泉。新材料是新一轮科技革命和产业变革的基石和先导。以硅材料、高分子、高强合金、碳纤维、石墨烯等为代表的新材料近年来蓬勃发展，有力地支撑了世界高科技产业的迅猛发展。越来越多的新材料应用于产品开发中。

　　"工业产品材料与构造"是高等教育产品设计专业(本科)的一门专业必修课程，它是研究产品构造与原理的形态以及材料的综合设计的专业课程。它与艺术、结构、材料、设备、施工、经济等方面密切配合，提供合理的产品构造方案，既作为产品设计中综合技术方面的依据，又是实施产品制造至关重要的手段。《工业产品材料与构造》的学习，对于产品设计专业学生的设计实践具有重要意义。

　　"工业产品材料与构造"课程在艺术类专业教学计划课程设置中占有重要地位，本教材将覆盖所有知识点，明确实践方向，如包含石材、金属、木材、塑料、玻璃等内容。针对具体的实际应用讲述不同材料的功能、原理和应用范围，并根据实际应用需求，对材料的选择做了简要分析。

　　全书共 6 章，系统地讲解了产品设计材料基础知识和历史，金属、塑料、木材、无机非金属等材料的功能、原理和应用范围，及在产品设计中的案例。

　　本教材由台州学院 2018 年新形态教材建设项目资助。第 1、2 章共约 8 万字，由陈峰（台州学院）编写；第 3、4 章，共约 14 万字，由李庆德（佛山科学技术学院）编写；第 5、6 章，共约 8 万字，由夏兴华（台州学院）编写。

　　最后，要特别感谢在本书编写过程中给予大力支持和指导的老师和同仁们。

　　限于编者的水平，书中不妥之处，恳请使用本书的师生和读者给予批评指正！

陈峰

2020 年 12 月

目录

| 第**3**章 | 木材与构造 | **88** |

| 第**4**章 | 塑料 | **131** |

| 第5章 | 无机非金属材料　176

第6章 产品构造 216

第**1**章 │ 绪 论

1.1 设计与材料概述

　　设计是人类特有的一种造物活动，是人们在生产中有计划、有意识地运用工具和手段，将材料加工塑造成可视的或可触及的具有一定形状的实体，使之具有使用价值或商品的性质。

　　材料是可以用来为人类制造产品和工具的物质。正是材料的发现、发明和使用，使人类在与自然界的斗争中，走出混沌蒙昧的时代，发展到科学技术高度发达的今天。

　　设计是一种复杂的行为，它涉及设计者直观与理性的判断。材料的选择是最基本的，它提供了设计的起点。当设计师在设计某件产品时，他必须首先考虑应选用何种材料。材料选择的好坏，对产品内在和外观质量影响极大，如图 1-1、图 1-2 所示。任何设计必须建立在可选用材料的基础上，在考虑造型设计时，必须考虑现有材料是否可以通过工业制作达到设计要求。

　　　　　　图 1-1　　"不粘锅"

　　　　图 1-2　磁悬浮列车

新材料的每次出现都会给设计带来新的飞跃。在设计中，对新材料的开发与应用成了提高产品效用和开发产品新功能的重要因素，如图1-3、图1-4所示。

图1-3　1999年5种颜色的苹果iMac　　　　　图1-4　概念自行车

新设计思想给材料提出新的要求，如黄金制品，黄金制品价格昂贵，但市场需求很大，因此研制了镀金、仿金材料。材料发展会给设计带来突破性发展，如自由女神像、埃菲尔铁塔，这些材料的发展推动着设计的进步。考虑洗衣机外壳不能轻易生锈（ABS)、钢板应电镀防锈金属、涂饰防水涂料；手机外壳不能轻易摔碎，因此材料需有一定韧性。选用材料时还要考虑强度、韧性、光泽、耐磨性等，以及能否通过一定成型技术完成材料加工。下面来看一些不同材质的椅子的例子。

（1）石椅子

如图1-5，基座式的造型，能承受很大的压力，不易加工装配，整体落地。

图1-5　石椅子

（2）明式圈椅

如图1-6，造型完美简洁，结构严谨合理，工艺精致，质感自然亮丽。木材质地坚硬，色泽柔和，纹理优美，强度高。

（3）钢管椅

如图1-7，以钢管和帆布为材料，产品造型轻巧优美，华贵高雅，结构坚固，单纯紧凑，体现了钢的强度和弹性的结合。

图1-6 明式圈椅　　　　图1-7 世界第一把钢管家具"瓦西里椅"

（4）曲木椅

如图1-8，采用木火胶合板材经热压弯曲而成，具有几何形体的明确性和简洁性的造型特点。

（5）S形复合材料椅

如图1-9，采用复合材料一次性成型，造型简洁优美，色彩艳丽。

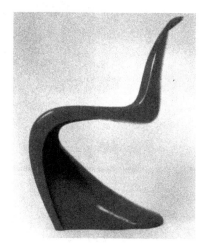

图1-8 世界第一把曲木椅——"索耐特曲木椅"　　　图1-9 世界第一把玻璃纤维增强复合材料椅——潘顿椅

（6）Sacco椅

如图1-10，采用乙烯基布缝制成锥状袋子，内装颗粒状聚苯乙烯泡沫球，适宜各种坐姿。

（7） 玻璃椅子

如图 1-11。

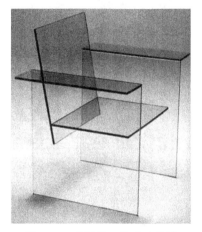

图 1-10　世界第一款发泡聚苯乙烯椅（懒人沙发）　　　　图 1-11　世界第一款玻璃椅子

（8） 充气椅子

如图 1-12。

图 1-12　世界第一款充气椅

1.2　设计材料分类

1.2.1　设计材料的分类方法

（1） 岛村昭治历史分类法

1980 年前后，日本机械技术研究所的岛村昭治提出了将材料的发展历史划分为以下五代。

第一代材料：石器时代（如图1-13）的木片、石器、骨器等天然材料。

图1-13 石器时代

人类祖先在石器时代，使用天然材料如石头、木片、骨头当作工具做一些事情。250万年前，人类打制石器的时代称为旧石器时代。旧石器时代，使用木棒、石块，它们形状不规则，加工十分粗糙。1万年前，人类使用磨制石器的时代称为新石器时代。新石器时代，石器磨制精美，使用石头、砖瓦做建筑材料，在石器上装木柄，使用更方便。旧石器时代东西是非常简陋粗糙的，是在使用过程中慢慢诞生形式美的。石器的尖和刀可以割肉，晚期也有项链、装饰品。

打制石器（旧石器时代）：旧石器时代，人类的生活方式是渔猎采集游居生活。石器的制作程序：最初先以一石块击打另一石块，稍做加工，即可使用。但是器表粗糙，如图1-14。

图1-14 旧石器时代

磨制石器（新石器时代）：选择石块打制成石斧、石刀、石铲后再次加工（"磨光""钻孔"），用来装木柄、穿绳，以提高实用价值。如图1-15和图1-16。

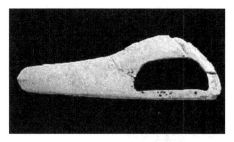

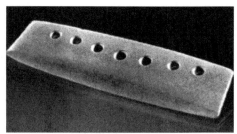

图 1-15 石匕首　　　　　　图 1-16 七孔石刀（长柄武器）

旧石器时代是男人打猎，女人采集，居无定所。新石器时代，有氏族，有部落，有自己的一块田地，食物更加稳定，大家聚集在一块儿，一部分负责做食物，一部分做衣服，一部分做工具，制作技术也日益提高了，如图 1-17。

图 1-17 新石器时代

第二代材料：陶、青铜和铁等从矿物中提炼出来的加工材料。

陶是第一种人工制成的合成材料，在石器时代就出现（如图 1-18）。制成陶器（图 1-19）的条件是：黏土成坯＋高温（约在 900℃）。

图 1-18 新石器时代的陶

铜是人类获得的第二种人造材料。青铜——红铜与锡合金，是最原始的合

图 1-19 陶制品

金，也是人类历史上发明的第一种合金。象征青铜文明的器物有后（司）母戊鼎、越王勾践剑、秦王鼎、铜编钟等（图 1-20）。

图 1-20 各种铜制品

青铜是金色的，因为年代太久氧化成青灰色，所以叫青铜，如图 1-21。青铜是红铜（也叫紫铜）与锡的合金，也常含有少量的铅。按照不同含量，青铜有铜锡型、铜锡铅型、铜铅型。红铜熔点是 1083℃，熔点很高，正常烧是不会熔

图 1-21 青铜制品

化的。加入铅或锡的目的是将熔点降低到 700～900℃，同时提高硬度。加锡后，青铜"热缩冷胀"，铸件冷却后可以使眉目更清楚，其他金属都是热胀冷缩。

铁的出现逐渐替代了青铜。铁的储量比铜和锡更高，因此铁更便宜。青铜密度比铁更大，说明青铜更重。青铜硬度高，但韧性很差。铁硬度高，韧性高。

第三代材料：高分子材料。

原料主要从石油、煤等矿物资源中取得。高分子材料是由分子量较高的化合物构成的材料。天然材料通常是由高分子材料组成的，如天然橡胶、木材、棉花、人体器官等。从 1909 年第一个人工合成高分子材料——酚醛塑料投入生产开始，高分子材料在文化领域和人类的生活方式方面也产生了重要的影响。人工合成高分子材料有化学纤维、塑料和橡胶等。生活中充斥着大量的高分子制品，如衣服、塑料瓶、鞋、牙刷、塑料家具、餐盒、矿泉水瓶、电器外壳等（图 1-22）。

图 1-22　高分子材料制品

第四代材料：复合材料。

第一到第三代材料都是各向同性的，而复合材料以各向异性为特征。复合材料是由高分子、无机非金属材料或金属材料等几类不同材料通过复合工艺组合而成的新型材料。例如，BMW2016 宝马 7 系列车身轻量化，使用碳纤维复合材料减少了 130kg 车身重量（图 1-23）。

图 1-23　BMW2016 宝马 7 系列车身

各种材料在性能上互相取长补短，产生协同效应，使复合材料的综合性能优于原组成材料而满足各种不同的要求。

第五代材料：材料的特征随环境和时间变化的复合材料。即它能检测到材料受环境变化引起的破坏作用，作出相应的对策。这是一类智能型材料，开始于20世纪40年代，代表了未来材料开发的动向，如图1-24。

图1-24　形状记忆聚合物（Shape Memory Polymer，SMP）

（2）物质结构分类

如图1-25所示，对材料的分类，通常是按材料的组成、结构特点进行，可分为金属材料、无机非金属材料、有机高分子材料、合成高分子材料和复合材料。

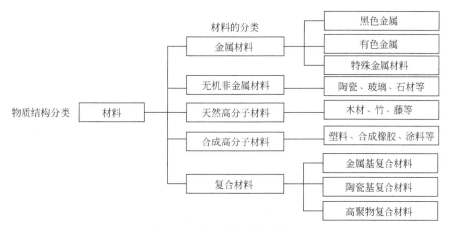

图1-25　材料按物质结构分类

（3）材料加工度分类法

设计用材料按加工度来分可分为天然材料、加工材料与人造材料三种。

① 天然材料：不改变在自然界中所保持的自然特性或只进行低度加工的材料。如竹、木、棉、毛、皮革，以及天然存在的无机材料如黏土、化石、宝石、熔岩、火山灰、大理石、水晶、金刚石、煤、硫、金等。

② 加工材料：介于天然材料和人造材料之间，经过不同程度人为加工的材料。如细木工板、纸张、胶合板、黏胶纤维、玻璃纸等。

③ 人造材料：人工制造的材料。主要有两大部分：一是以天然材料为基础所制造的人造材料，如人造皮革、人造大理石、人造象牙、人造水晶、人造钻石等；二是利用化学反应制成的在自然界不存在或几乎不存在的材料，如金属合金、塑料与玻璃等。

（4） 材料形态分类法

为了加工使用方便，设计用材料往往事先制成一定的形状，按这些形状可分为颗粒材料、线状材料（包括线状与纤维状）、面状材料（包括膜、箔）以及块状材料。

① 颗粒材料：主要指粉末与颗粒状等细小形状的物体。

② 线状材料：设计中常用的有钢管、钢丝、铝管、金属棒、塑料管、塑料棒、木条、竹条、藤条等。

③ 面状材料：设计中所用的板材有金属板、木板、塑料板、合成板、金属网板、皮革、纺织布、玻璃板、纸板等。

④ 块状材料：设计中常用的块材有木材、石材、泡沫塑料、混凝土、铸钢、铸铁、铸铝、油泥、石膏等。

（5） 按使用目的分类

分为功能材料和结构材料。

功能材料：具有优良的电学、磁学、光学、热学、声学、力学、化学、生物医学功能，特殊的物理、化学、生物学效应，能完成功能相互转化，主要用来制造各种功能元器件而被广泛应用于各类高科技领域的高新技术材料。

结构材料：以力学性能为基础，制造受力构件所用材料。当然，结构材料对物理或化学性能也有一定要求，如光泽、热导率、抗辐照、抗腐蚀、抗氧化等。

1.2.2 设计材料的工艺分类

设计材料通过工艺过程成为具有一定形态、结构、尺寸和表面特征的工业产品，将设计方案转变为具有使用和审美价值的实体。

（1） 材料的成型加工工艺

成型加工包括熔融状态下的一次加工和冷却后车、钳、铣、刨、削的二次加工。通常将一次加工称为成型，二次加工称为加工。

（2）材料的表面处理工艺

产品表面所需的色彩、光泽、肌理等，除少数材料的固有特性外，大多数是依靠各种表面处理工艺来取得。设计所采用的表面处理技术如表1-1。

表 1-1　设计所采用的表面处理技术

分类	处理的目的	处理方法和技术
表面被覆	有耐蚀性,有色彩性,赋予材料表面功能	金属被覆（电镀、镀覆）有机物被覆（涂装、塑料衬里）珐琅被覆（搪瓷、景泰蓝）
表面层改质	有耐蚀性,有耐磨性,易着色	化学方法（化学处理、表面硬化）电化学方法（阳极氧化）
表面精加工	有平滑性和光泽,形成凹凸花纹	机械方法（切削、研削、研磨）化学方法（研磨、表面清洁、蚀刻、电化学抛光）

1.3　设计材料的感觉特性

感觉特性是指人对物所持有的感觉或意象，具有人对物的心理上的期待感受。设计材料的感觉特性就是指材料作用于人的认知体验。

1.3.1　材料的质感

工业设计感觉三大要素为形态感、色彩感、材质感（质感），如图1-26。质感体现的是物体构成材料和构成形式产生的表面特性。质感有两个基本属性，一个是生理属性（软硬、粗细、冷暖、凹凸、干湿、滑涩），按人的感觉可分为触觉质感和视觉质感；另一个是物理属性（材质类别、价值、性质、机能、功能等），按材料本身的构成特性可分为自然质感和人为质感。

（1）质感的生理属性

① 触觉质感。触觉质感就是靠手和皮肤与物体的接触而感知的物体表面特征（软硬、冷暖、干湿等），如图1-27。

a. 触觉质感的生理构成。触觉是一种复合的感觉，由运动感觉与皮肤感觉组成，是一种特殊的反应形式。运动感觉是指对身体运动和位置状态的感觉；皮肤感觉是指辨别物体机械特性、温度特性或化学特性的感觉，一般分为压觉、温觉、痛觉等。

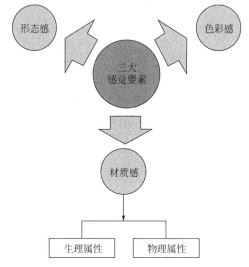

图 1-26　工业设计感觉三大要素

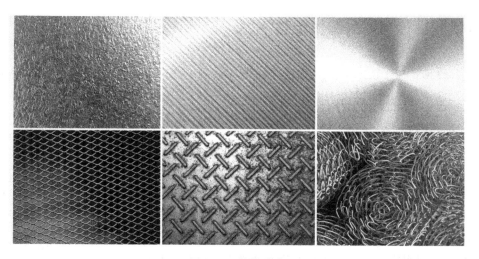

图 1-27　触觉质感

b. 触觉质感的心理构成。根据材料表面特性对触觉的刺激性，触觉质感分为快适触感和厌恶触感。

c. 触觉质感的物理构成。触觉质感与材料表面组织构造的表现方式密切相关。材料表面物质的构成形式，是使人皮肤产生不同触觉质感的主因。同时，材料表面的硬度、密度、温度、黏度、湿度等物理属性也是触觉不同反应的变量。

② 视觉质感。视觉质感是靠视觉来感知的材料表面特征，是材料被人眼看到后，经大脑综合处理，产生的一种对材料表面特征的感觉和印象。主要靠人的

视觉来感知材料表面特征，如雅俗、贵贱、脏洁等，如图1-28。

图 1-28　视觉质感

a. 视觉的生理构成。人们通过视觉器官对外界进行了解。当视觉器官受到刺激后会产生一系列的生理和心理的反应，产生不同的情感意识。

不同材料给人的心理、生理反应不同，如下。

木材：雅致、自然、轻松、舒适、温暖。

钢铁：深沉、坚硬、沉重、冰凉。

塑料：细腻、致密、光滑、廉价。

金银：光亮、辉煌、华贵。

呢绒：柔软、温暖、亲近。

铝材：白亮、轻快、明丽。

有机玻璃：明澈、透亮、脆弱。

b. 视觉质感的物理构成。材料表面的光泽、色彩、肌理和透明度等都会产生不同的视觉质感，从而形成材料的精细感、粗犷感、均匀感、工整感、光洁感、透明感、素雅感、华丽感和自然感。

c. 视觉质感的间接性。大部分触觉感受可以经过人的经验积累转化为视觉的间接感受，所以对于已经熟悉的材料，即可根据以往的触觉经验通过视觉印象判断该材料的材质，从而形成材料的视觉质感。

视觉质感具有间接性、经验性、知觉性、遥测性。

看到木材、竹藤、棉麻与海草类物料会给人一种温和朴素的质感。

看到石材、金属和玻璃，就会产生力度很大的感觉。同样由于这类材料表面很光滑，又能给人一种尺度很大、庄严的感觉。

　　d. 视觉质感的距离效应。人类对不同的物品产生不同的距离感。

　　愉悦：人们对细腻、柔软、光洁、湿润、滑爽产生舒适感。

　　反感：人们对粗糙黏涩脏等产生不快的心理感觉。

　　部分材料的冷暖和感觉如表 1-2 所示。

表 1-2　部分材料的冷暖和感觉

材料种类	冷暖	感觉
织物	（从上至下由温暖到冰冷）	柔和、贴身、松软、温和、舒适
皮革		柔软、感性、浪漫、随和
木材		自然、协调、亲切、古典、冷暖、粗糙、感性
橡胶		弹性、低俗、昏暗、舒服、迟疑、呆板
塑料		轻巧、细腻、艳丽、优雅、理性
陶瓷		高雅、清洁、清脆、精致、凉爽
石材		结实、敦厚、笨重、安稳
金属		坚硬、光滑、理性、拘谨、可靠、冷漠、凉爽
玻璃		高雅、明亮、光滑、干净、协调、自由、精致、通透

　　芬兰，地处欧洲北端，地区寒冷，人们待在居室内的时间相比世界上多数地区就更长。这样的地域文化便催生了对家具的依赖。芬兰的建筑家具设计大师阿尔瓦·阿尔托在设计中摒弃了完全使用金属管件做材料的做法，改用薄木片胶合技术，研究出了胶合板弯曲设计工艺。木质材料让北欧寒冷的天气显得非常温暖。如图 1-29。

图 1-29　薄木片胶合家具

　　由于视觉质感的间接性和相对的不真实性，在产品中经常在视觉上造成触觉质感假象，如印刷木纹、石纹、布纹的纸，塑料水转印的金属质感。如图 1-30。

（2）质感的物理属性

　　① 自然质感。这是材料本身固有的质感，是材料的成分、物理化学特性和

图 1-30　不同材质的手机壳

表面肌理等物面组织所显示的特征，如一粒珍珠、一块岩石。它突出材料自然特性，强调材料自身美感、天然性、真实性、价值性。自然质感突出天然的感觉，这样的质感通常会使人有亲近自然的向往。如图 1-31。

图 1-31　自然质感

　　身处城市中，住在钢筋水泥混合的高楼大厦中，多增加实木家具、木质产品、盆栽绿植等自然的元素，会让家庭更显自然的味道。如图 1-32。

　　② 人为质感。这是人有目的地对材料加工后产生的工艺美和技术美。根据设计要求、效果的不同，可分为同材异质感和异材同质感。

　　Zippo 打火机相同材质表面做不同的处理，体现不同材质感；对相同塑料分别进行涂装、电镀、喷砂、烫印，体现不同的材质（图 1-33）。

　　对相同木材进行刨切、旋切、弦切、横切处理，产生的纹理不同（图 1-34）。

图 1-32　木质钟表

图 1-33　同材异质感的 Zippo 打火机

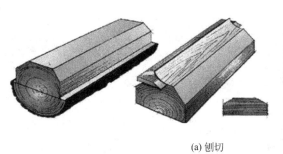

(a) 刨切

(b) 旋切

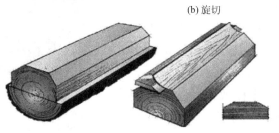

(c) 弦切

(d) 横切

图 1-34　不同处理方式的木材所展现的纹理

　　不同固有材质的材料做相同的不透明涂饰时，会产生完全一致的质感，如图 1-35 中木材、塑料分别进行了黑色钢琴漆不透明涂饰。

图 1-35　异材同质感的钢琴漆涂饰产品

1.3.2　质感设计的形式美法则

质感运用的形式美基本法则见图 1-36。

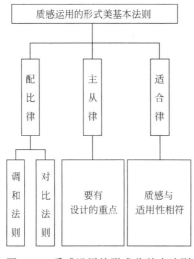

图 1-36　质感运用的形式美基本法则

（1）调和法则

在产品设计的材料选择上，将各部分的材料按形式美的法则进行配比，同时注意材料的整体与局部、局部与局部之间的配比关系，才能获得美好的视觉印象。配比律的实质就是和谐，即多样统一，这是形式美法则的高级形式。配比律包含调和法则和对比法则。

调和法则就是使整体各部位的物面质感统一和谐。其特点是在差异中趋向"同一"和"一致"，使人感到融和、协调，如图 1-37。

（2）对比法则

图 1-37　相同相似的质感产生的统一和谐

就是产品各部位材料表面有对比地变化，形成材质对比、工艺对比、色彩对比。材料的对比虽不会改变产品造型的形体变化，但由于它具有较强的感染力，而使人产生丰富的心理感受。

如：天然材料与人造材料的对比，金属与非金属的对比，粗糙与光滑的对比，高光与无光的对比，坚硬和柔软的对比，华丽与朴素的对比，沉着与轻盈的对比，规则与杂乱的对比。或者使用同一种材料对其表面进行各种处理，形成不同的质感效果，形成弱对比。

材质的对比可以用时尚界里的"混搭"来表达，如图 1-38 所示。

图 1-38　材质的对比

从时装周走秀来看，利用针织、牛仔布、锦缎、皮革甚至塑料亮片等材质的组合拼接，塑造出丰富的视觉层次感，令时装在"略显乏味"的秋冬季也充满活力和趣味，如图 1-39。

图 1-39　时装

制造对比手法有两种：a. 根据不同材质的长度、强度、品质、肌理，在设计中进行组合设计；b. 对同种材质进行不同的加工和表面处理，得到不同的质感。如图 1-40。

金属材料的强反光性使其看上去现代感十足，具有高强度、高耐磨度、耐高温和延展性好等物理特性。金属材料成型工艺多样，可以加工成丝、块、面、体等多种形态，展现出极强的个性。在设计过程中，可以充分利用金属的可塑性，完成木材难以塑造的形态，充分发挥设计的想象力。但金属最大的缺点就是舒适性不够，外观给人以冰冷坚硬之感，如果在家具中过多使用，难以营造温馨舒适的氛围，所以我们在设计中可以考虑金属与木材等暖性材料相结合，让家具更有亲近感（图 1-41）。

图 1-40　对比

图 1-41　金属材料制品

混凝土表面平整光滑、色泽均匀、棱角分明、无残损和污染，外观朴实无华、自然沉稳，有着最本质的美感，具有抗压强度高、耐久性好的物理特性。混凝土可以通过各种模具造型，因此混凝土变化和设计的潜力几乎是无限的，可以塑造出柔和优美的曲线，也可以铸造成各种有趣的几何体，与木材的简单形态形成强烈对比，而且新拌混凝土无固定形态，能与其他材料很好相容、浑然天成（图 1-42）。

树脂是人工合成的高分子化工产品，是制造塑料的原材料。其没有固化前，是软黏的浓稠液体，如同松树或者桃树流出的黏胶，固化后，可以形成如同有机玻璃的镜面效果。近几年，树脂家具频繁地出现在各大家具展上，引起人们极大

图 1-42 混凝土材料制品

的关注。由于树脂固化前具有流动性，无论木材以何种形态存在，树脂都可以将其灵活地弥补起来，可以整体包覆，也可以局部修补，不必对木材做过多的加工处理，保存木材最原始的状态（图 1-43）。树脂固化后，木材的颜色、纹理，甚至虫洞等缺陷可以透过树脂完全展示出来，树脂还赋予木材更好的光泽感、更长的使用寿命。

图 1-43 树脂材料制品

ETFE 膜与钢管材质的对比使"水立方"的外观柔和通透，内部稳固抗震，完美体现了水的神韵，给充斥着钢筋混凝土建筑的城市注入了一丝新鲜感（图1-44）。

图1-44　ETFE膜与钢管材质的对比

另外，材质软质和硬质的对比如图1-45，材质透明和不透明的对比如图1-46。

图1-45　不同软硬度材质的椅子

图1-46　材质透明和不透明的对比

（3） 主从律

强调在产品的材料设计中的主从关系，如图 1-47。所谓主从关系是指事物的外在因素在排列组合时要突出中心，主从分明。没有主从的材料设计，会使产品的造型显得呆板、单调。

混搭将多种材质集于一身，但如果这些材质平起平坐地组合在一起，势必会让消费者觉得杂乱无章。在进行混搭设计时要确定一个主体材质，再合理地混搭进其他客体材质，主体材质在设计中起着决定作用，客体材质则起衬托和加强的作用，使主体材质能更好地表达出产品的意义。比如具有精美彩绘图案的陶瓷作为主体材质时，木材就成为客

图 1-47　材质主从律产品

体材质，用木材稳重的色调突出陶瓷的装饰性，这样才能使各材料的特性和优势得到充分而有效的发挥。

（4） 适合律

各种材质有明显的个性，在设计中应充分考虑到材料的功能和价值，材料应与适用性相符。针对不同的产品、不同的使用者、不同的消费对象以及不同的使用环境，在材料选择上要充分利用适合律法则，将具体的产品、具体的材料与具体消费对象的审美感觉有机地结合在一起，使材料的美感得到淋漓尽致的体现。

木材、金属、塑料、玻璃、陶瓷等材料的外观属性、物理力学特性、感觉特性以及加工工艺各不相同，面对种类繁多的家具材料，我们一方面要熟知材料的特性，"运用材料去思考"，综合考虑材料的优点和缺点，追求材质的色彩、肌理、质感等方面的和谐，借助材质本身来突显家具的艺术美；另一方面要打破对材料固有认识的局限，大胆使用材料，跳出传统，创造新的形式，并善于利用新材料的研究成果，赋予家具新的审美特征和结构特征，拓宽产品设计的思路。

个人品位决定材质：过去音响如果用木质材料做的话，受到材料特性和加工工艺制约，一般会做成矩形。如果外壳做成有弧度的就有一定难度。如果用塑料来做外壳，就很容易用注塑成型做出弧形外壳。但是使用深色木质会显得更贵重，针对的是高端、有品位的人士；塑料材质显得廉价，针对的是年轻人（图 1-48）。

环境因素决定材质：以衣服为例，夏天潮湿炎热，尽量选用棉、麻、亚麻等

图 1-48　音响产品对比

凉爽透气又吸汗的材质，冬季为了保暖则可以采用天然毛织品或聚酯纤维，更可以依照材料的柔软硬挺、厚薄粗细等特性作搭配，展现个人风格品位（图 1-49）。

图 1-49　不同环境决定的不同材质

1.3.3　质感设计的作用

（1）提高适用性

良好的触觉质感设计，可以提高整体设计的适用性。例如，相机机身粘贴软质人造革材料，会增加柔软的触感，并且提高了相机防滑功能（图 1-50）。

（2）增加装饰性与多样性

良好的视觉质感设计，不但可以提高整体设计的装饰性，还能补充形态与色彩所难以替代的形式美（图 1-51）。

（3）获得经济性和高附加值

塑料电镀一层金属涂层，与纯金属手机壳相比，其重量轻了很多，与纯金属外壳比，降低了成本，达到了经济性目的。它为塑料外壳带来了金属质感，同样

图 1-50　不同相机机身

图 1-51　增加装饰性与多样性

提高了外壳的附加值（图 1-52）。

图 1-52　塑料电镀金属涂层手机壳

图 1-53　8848 钛金手机

　　8848 钛金手机运用钛金属、碳纤维、欧洲头层牛皮与合成蓝宝石玻璃，体现了高端人士的手机高端、大气、上档次，大大提升了手机的附加值（图 1-53）。单就手感而言，牛皮的材质明显要比塑料或者金属更加舒服，除了成本高之外，这几乎也是所有的奢华手机都是用牛皮做机身外壳包裹材料最重要的原因。

1.4 设计选材的适应性

设计选材是产品设计的重要环节，选择合适的材料与工艺作为产品设计的物质技术基础，对设计概念转化为产品实物起着关键的作用。材料的丰富性可以让我们选择物品的材料时有更多的选项。选材是很重要的环节，需要根据材料的内部因素、外部因素和用户目的三要素确定（图1-54）。

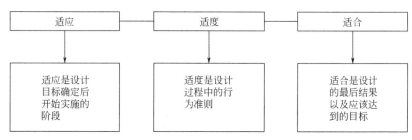

图1-54 适应性要求

1.5 设计选材的适应性原则

1.5.1 内部因素

（1）材料的物理性能

① 密度。单位体积内所含的质量，即物体的质量与体积之比。密度越大，相同体积的物体越重。通用单位是 kg/m^3，水的密度为 $1×10^3 kg/m^3$，冰的密度为 $0.9×10^3 kg/m^3$，空气密度约为 $1.29kg/m^3$。

② 熔点。纯金属由固态变为液态时的温度称为熔点。工业上将熔点低于700℃的金属材料称为易熔金属，熔点高于700℃的称为难熔金属。熔点的高低对金属和合金的熔炼及热加工有直接影响。

③ 热导率。指的是单位时间内流经物体单位面积的热量。材料中将热量从一侧表面传递到另一侧表面的性质称为导热性。金属材料热导率较大，是热的良导体，高分子材料的热导率小，是热的绝缘体。多孔材料孔隙度越大，导热性越低；绝热材料含水率越大，导热性越高。绝热材料热导率小于0.3W/（m•K）。

石墨烯（图1-55）是世界上已知最好的导热材料（表1-3）。

多孔材料可以看成材料与空气的复合材料，空气的热导率极低，孔隙度越大，空气占比越高，导热性越低。绝热材料含水时导热性提高是同样道理。

④ 热胀系数。分为线胀系数和体胀系数。材料由于其温度上升或下降会产生膨胀或收缩，此种变形如果是以材料上两点之间的单位距离在温度升高10℃时的变化来计算即称为线胀系数，如果是以物体的体积变化来计算则称为体胀系数。

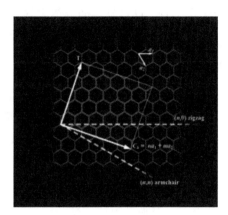

图1-55　石墨烯

表1-3　不同材料的热导率

材料种类	热导率/[W/(m·K)]
石墨烯	5300
纯铝	237
纯铜	401
ABS树脂	0.25
木材	横向:0.14～0.17 纵向:0.38
水	0.7
空气	0.023

线胀系数以高分子材料最大、金属材料次之、陶瓷材料最小。线胀系数不是一个固定值，它随温度的升高而增加。

⑤ 导电性。通常用电导率来衡量材料导电性的好坏。电导率是电阻率的倒数，电导率大或电阻率小的材料导电性能好。在金属中，银的导电性最好，铜和铝次之，合金的导电性一般比纯金属差。

⑥ 磁性能。是指金属材料在磁场中被磁化而呈现磁性强弱的性能。按磁化程度分为：

a. 铁磁性材料：在外加磁场中，能被强烈磁化到很大程度，如铁、钴、镍等。

b. 顺磁性材料：在外加磁场中，只是被微弱磁化，如锰、铬、钼等。

c. 抗磁性材料：能够抗拒或减弱外加磁场磁化作用的材料，如铜、金、银、铅、锌等。

⑦ 光性能。材料对光的反射、透射、折射的性质。如材料对光的透射率愈高，材料的透明度愈好；材料对光的反射率高，材料的表面反光强，为高光材料。

（2） 材料的化学性能

材料的化学性能是抵抗环境作用的能力，如耐腐蚀性、抗氧化性。

① 耐腐蚀性：材料抵抗周围介质腐蚀破坏的能力。

② 抗氧化性：材料在常温或高温时抵抗氧化作用的能力。

③ 耐候性：材料在各种气候条件下，保持其物理性能和化学性能不变的性质。如玻璃、陶瓷的耐候性好，塑料的耐候性差。

对于不锈钢、耐酸钢、耐蚀铸铁、耐热钢、耐热铸铁及建筑、桥梁用的普通低合金钢等材料，耐腐蚀性是衡量这些材料性能的重要指标。

（3） 材料的力学性能

① 强度：指材料在外力（载荷）作用下抵抗明显的塑性变形或破坏作用的最大能力。由于外力作用的方式不同，材料所展现出的强度也不同。主要有抗拉强度、屈服强度、抗压强度、抗扭强度。

a. 抗拉强度：试样拉断前的最大拉应力。抗拉强度表示大量均匀变形的抗力指标。

抗拉强度＝试件拉断前的最大拉力/试件的原始横截面积

上下拉动试件的最大拉力除以横截面积就是抗拉强度（图 1-56）。

b. 屈服强度：材料开始发生塑性变形时的应力。它是工程技术重要指标之一，是设计结构和零件时选用材料的依据。

屈服强度＝试件开始发生明显塑性变形时的应力/试件的原始横截面积

实际上这个屈服点不明显，不容易寻找，一般是借助万能力学试验机及其软件找到屈服点。

拉伸试验就能测出材料的屈服强度和抗拉强度（图 1-57）。纵坐标是拉力，横坐标是变形值。屈服强度以下为弹性变形，曲线部分为塑性变形。

c. 抗压强度：材料承受压力的能力。同等压力下，变形越大，抗压强度越低。

举例：混凝土主要是抗压强度高，抗拉强度不高。假如有一个 30cm×30cm×80cm 的混凝土块，放在地上的时候，如果放几百千克的东西上去，这个混凝土

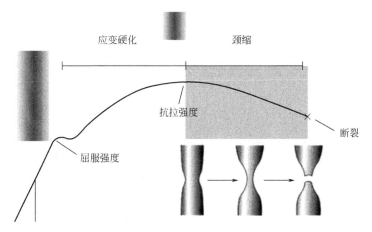

图 1-56 材料的抗拉强度

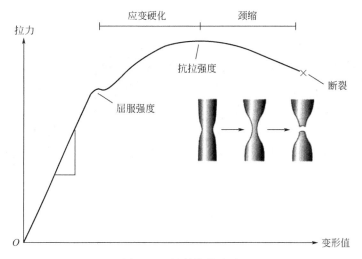

图 1-57 材料拉伸试验

块都没事，但是如果把这个混凝土块长条的两端支起来，像个简支梁的样子，再在上面放几百千克的东西就会很容易压断。前者主要承受的是压力，后者下部主要承受拉力，所以一般做梁的时候，会在梁的下部遍布钢筋，主要就是抗拉。

简支梁受力如图 1-58，材料会产生弯曲，混凝土上表面受压，下表面由于挠度向两边受拉，单纯用混凝土很容易断裂。除混凝土外，铸铁、石材、玻璃、陶瓷都是抗压强，但是抗拉弱。这类材料还有粉笔，粉笔拉伸很容易断裂，但是压时需要很大的力才能压坏。

单独采用混凝土的房顶很容易倒塌，在混凝土里加入钢筋会提高梁的抗拉强

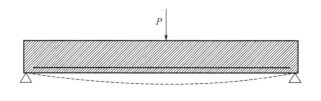

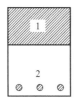 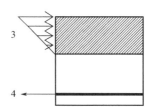

图 1-58 简支梁受力

度，这种组合材料叫钢筋混凝土（图 1-59）。

 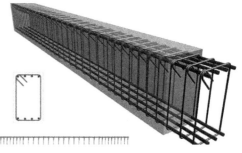

图 1-59 钢筋混凝土

赵州桥（图 1-60），主要是石材，为防止发生拉伸破坏，在石材连接部位采用钢栓提高抗拉强度。

图 1-60 赵州桥

钢的使用可以提高综合材料的抗拉性能，说明钢本身抗拉强度较高。因此这类材料断裂时能伸长，能承拉，如钢、铝、黄铜、橡胶、塑料。

d. 抗扭强度：材料承受扭曲力的能力。同等扭力下，变形越大抗扭强度越低。例如钥匙需要足够大的抗扭强度。

② 弹性：在外力（载荷）作用下材料产生变形，当外力除去后材料能恢复原来形状的性能称为材料的弹性，这一变形称为弹性变形。弹性变形量越大，材料弹性越好。弹性模量是指材料承受外力时抵抗弹性变形的能力。

弹性模量可视为衡量材料产生弹性变形难易程度的指标，其值越大，使材料发生一定弹性变形的应力也越大，即材料刚度越大，亦即在一定应力作用下，发生弹性变形越小。

③ 塑性：在外力作用下材料产生永久变形不会引起破坏的性能。塑性变形量大而不破裂的材料其塑性好。材料塑性用断面收缩率和伸长率表示，这两个指标用％表示。

④ 硬度：材料抵抗其他物体压入自己表面的能力，反映出材料局部塑性变形的能力。

通常采用钢球或金刚石的尖端压入各种材料的表面，通过测定压痕深度来测定材料的硬度。测定方法有布氏硬度法（HB）、洛氏硬度法（HRA、HRB、HRC）、维氏硬度法（HV）、肖氏硬度法、里氏硬度法（HL）等。金刚石是天然材料中硬度最高的。

⑤ 韧性：在冲击力作用下能承受很大的变形而不被破坏的性能称为材料的韧性。材料受外力作用，当外力达到一定值时，材料突然破坏而无明显变形的性质称为材料的脆性。

材料未断裂之前无塑性变形或发生很小的塑性变形导致破坏的现象称为脆性断裂。之前讲的抗压不抗拉的材料，如岩石、混凝土、玻璃、铸铁等具有这种性质的，就是脆性材料。

材料在断裂前产生大的塑性变形直至断裂称为韧性断裂。软钢、软质金属、橡胶、塑料等均呈韧性断裂。度量韧性的指标有冲击韧性和断裂韧性两类。

材料的韧性高，其脆性低，反之亦然。

⑥ 耐磨性：材料对磨损的抵抗能力称为材料的耐磨性，可用磨损量表示。磨损量越小，磨损性越高。

⑦ 比强度和比模量：比强度是材料的强度与材料密度的比值，比模量是材料的模量与材料密度的比值。比强度越高的材料，具有同一强度的零件重量越

轻。比模量越高的材料，零件的刚性就越大。

（4）材料的加工性能（工艺性能）

材料加工性能是衡量材料加工成所需形状难易程度的指标。

① 铸造性。指将材料熔化后，注入铸型制成铸件的难易程度。在金属铸造性中包括金属液体的流动性和收缩性。金属材料中铸铁、铝硅合金等具有良好的铸造性。

② 可锻性。指材料在锻造过程中承受压力加工而具有塑性变形的能力。可锻性好的材料易于锻造成型而不会发生破裂。

③ 切削加工性。指对材料进行切削加工的难易程度。它可用切削抗力的大小、加工的表面质量、排屑的难易程度以及切削刀具的使用寿命来衡量。

一般来说，材料硬度越大，则切削加工性越不好；软的、黏的材料排屑困难，也不易切削。

④ 焊接性。指材料被焊接的难易程度。通常低碳钢有良好的焊接性。高碳钢、高合金钢、铸造铝合金的焊接性能较差。中碳钢介于两者之间。

1.5.2 外部因素

（1）功能性因素

① 安全性能。材料的选择应当按照有关的标准正确选用，并充分考虑各种可能预见的危险。例如，医院的某些电疗设备中与病人接触的部位，其表面应该选择具有抗静电性质的材料。

② 外观需求。产品的外观在很大程度上受其可见表面的影响，并采取材料所能允许制造成的结构形式。

③ 工艺性能。材料所要求的工艺性能与零部件制造的加工工艺路线有密切关系。工艺性能包括：力学性能、物理性能、化学性能、尺寸性能。

（2）市场性因素

设计者必须对目标消费者的要求进行估价。对于材料，要考虑到消费者的态度往往会受到他们日常接触的各类产品的影响。

① 可达性。在最初考虑使用某种材料时，设计师应首先了解手边有没有这种材料。如果没有，那就看能否在规定期限内得到。

② 经济性。材料的经济性始终是工业造型设计中十分重要的内容。在满足使用要求、艺术造型、工艺和可达性的同时，尽可能选用价廉的材料，最好选用

国产材料，使总成本降至最低，取得最大的经济效益，使产品在市场上具有最强的竞争力。

经济性包括材料价格、使用寿命、制造性能、零部件的总成本等因素。

（3）环境性因素

① 选用同类材料。尽量采用同类材料，避免多种不同材料，以便产品回收和再利用。

② 减少表面装饰。用表面不加任何涂、镀的原材料直接制成产品，这也是出于便于回炉处理和再利用的目的。

③ 采用可降解材料。可降解材料是指废弃后能自然分解并为自然界吸收的材料，可减少环境污染源。

④ 废弃物的再利用。充分选用利用废弃物制成的再生材料，以利于资源的再循环利用。

·习　　题·

习题 1-1　请观察下列苹果手机产品，试分析它的质感设计。

微信扫码立领

☆配套思考题及答案
☆工业产品彩图展示
☆读者学习资料包
☆读者答疑与交流

习题 1-2　试从材料的角度对下面实木椅子进行受力分析。

第2章 金属材料

2.1 金属材料概述

2.1.1 金属材料应用的发展史与现状

人类在大约公元前五千年由石器时代进入铜器时代，这是因为天然铜本身不活泼，在自然界中可以存在，而铁则被氧化，同时金属铜的熔点比金属铁的要低。在炼铜技术逐步提升时，我们的祖先已经不知不觉地使用了"合金"，最早的合金可能是青铜，它大约由10％的锡及90％的铜构成。随着青铜技术的不断发展，人们意识到增大锡的比例会使合金变硬，换句话说，合金比单一的金属拥有更好的性能。此后，延伸出黄铜等适用于不同场合的合金。

青铜（图2-1）是红铜与锡的合金。原始社会（图2-2）只有铜和金能够天然存在，但是数量极少，其他金属元素蕴含在矿石中，很难让人发现。因为没有金属，我们的老祖先只能用燧石、木头和兽骨做工具。但是这些工具用途有限，木头一敲不是碎了就是裂了，要不就是断成两截，石头和兽骨也不例外。

后来老祖先们发现了一种绿色的石头——孔雀石，他们对岩石中突然冒出来的这种石头一定很好奇，把它和陶一样对待，放入热焰里燃烧，结果神奇地发现孔雀石变

图2-1 青铜

图 2-2　原始社会

成发亮的金属，这种金属就是铜。只要把它放入火中，还会变软（图 2-3）。

图 2-3　孔雀石

　　古埃及人的炼铜技术较为先进，埃及金字塔（图 2-4）就是用铜器建造的。传说古埃及人挖掘了 1 万吨铜矿，制造出三十万把铜凿子，用它将石块凿制成固定的大小，但是铜凿子硬度不够，敲打几下就变钝了，所以工人每敲打几下，就

图 2-4　金字塔

要重新打磨才能继续使用。金字塔的建造，是空前的成就。

金也是能够自然存在的，金是硬度较低的金属，因此戒指很少用纯金制作，否则很快就会刮坏（图 2-5）。但是加入少量的其他金属（例如银或铜）来形成合金，就能使得形成的合金硬上许多。

图 2-5　金矿

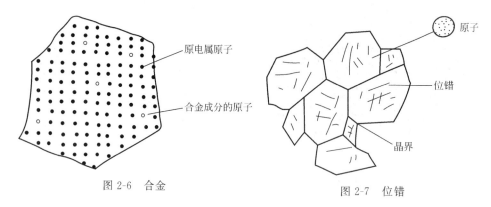

图 2-6　合金

图 2-7　位错

在这种合金中，银原子或铜原子取代了几个金原子的位置，就像在一群坐着的同学中，有几个同学的位置被高年级的同学占据了（图 2-6）。合金通常比纯金属坚硬，原因很简单：外来原子的大小和化学性质，都跟原本的金属原子不同，因此嵌入后会扰动原本金属晶体的物理和电子结构，产生一个关键后果——让位错更难移动，于是晶体形状就更难改变，金属也就更坚硬。因此，制造合金就成为防止位错移动的一门技艺。

晶体内则是驳杂的线条，称为"位错"（图 2-7）。位错是晶体内部的瑕疵，表示原子偏离了原本完美的构造。虽然位错听起来很糟糕，但其实大有用处，这是因为完美的晶体自身是不可能拥有延展性的，而正是位错让金属能够改变形状。晶体是由无数个晶格组成的，晶格是由排列规则的原子构成的。但是在晶格外原子和原子之间并不是有序的排列，这种排列方式表现出来就是位错。

当你弯曲回形针时，位错就发生了移动，一部分原子脱离原金属键，和移动过来的另一个原子形成了新的金属键。类似于图 2-8。

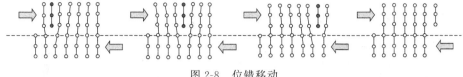

图 2-8　位错移动

因为其他原子替代了原本的金属原子，这增加了位错移动的难度，相当于小朋友们在移动的时候前面有一个大人挡在前面，形状很难改变，金属也就更坚硬。同理，青铜是铜和锡的合金，硬度非常大，可以做武器，但是锡是比较稀有的。

后来人类社会从青铜时代进入铁器时代。铁器时代已经能运用很复杂的金属加工工艺来生产铁器。钢铁的高硬度、高韧性、高熔点与铁矿的高蕴含量，使得钢铁相对青铜来说更便宜及可在各方面运用，所以其需求量很快便远超青铜。

钢铁就是铁和碳的合金，我们祖先不知道钢是合金，因为木炭是铸造铁的燃料，炭是由碳原子构成的，燃烧过程中会有一部分炭进入铁水中，凝固后就变成了坚韧的钢。

化学知识的兴起，让人们认识了炼钢技术，英国工程师贝塞尔在熔铁过程中注入了新鲜空气，空气中的氧和铁里的碳发生化学反应生成二氧化碳，把碳带走，这就是工业炼钢的基础。但是不要带走全部碳，后来的人们改良了炼钢技术，保留了 1% 左右的碳，让钢保证一定硬度。由于金属材料的优良导电性，第二次工业革命迅速开展并使人类步入电气时代。

随着冶炼技术和加工工艺进步，金属材料的品种日益丰富（图 2-9），并已经进入生活的各个方面。高速钢、不锈钢、耐热钢、耐磨钢、电工用钢等特种钢如雨后春笋般地相继出现，其他合金如铝合金、铜合金、钛合金、钨合金、钼合金、镍合金等加上各种稀有合金也不断发展，金属材料在全社会的经济发展中具有了不可替代的地位。

2.1.2　产品设计与金属材料

近现代材料和能源迅猛发展，激发了产品设计师的无限创意，使得几乎所有的产品都有了新的造型。由材料与产品设计的发展可见，创新产品设计从材料开始。开发设计成功的产品要求设计师理解材料的性能。我们的产品设计师需要填补这些知识。从工程师或科学家的视角设计产品，从经济学和美学的角度选择适当的材料，利用材料解决现实世界对产品新的需求。金属产品高强的材质特性、优良的成型工艺特性、丰富的表面处理效果，在产品设计中都有较好的应用。

图 2-9　金属材料制品

如铝合金材料可以使产品在满足强度的情况下拥有较为轻薄的形态，使得产品拥有良好的移动性。目前在便携数码产品中已经有了广泛应用。当铝合金作为建筑装饰材料时，轻质的特性便于运输和安装，再结合其优良的表面处理效果以及出色的耐腐蚀性能，可以满足室内与室外环境应用需求。有些金属出色的延展性十分便于冲压、拉伸加工，加工出的产品可以获得平、薄、小弧面的结构形态，显示出整洁精致的造型风格。金属材料通过多样的加工手段可以得到丰富的色彩、光泽和表面肌理。这些表面处理效果是产品获得优良视、触觉质感的重要因素。针对不同的消费群体，创造性地利用这些设计元素可以极大地提升产品的竞争力及其附加值。有些金属产品表面硬度高，具有良好的抗划伤性，使用耐久性比较好。有些材料表面抗污性强，不易留下污点痕迹，容易保持清洁，因此具有广泛的适用性。

如果把金属赋予人的个性，那么它首先一定是坚强而高贵的，比如这和"钢铁侠"的人物设定是非常符合的。金属材质的种类非常多，经过抛光和打磨以后，其表面所具有的光泽感、反光度以及平滑细腻的肌理效果，构成了金属产品最独特的审美特征，并具有强烈的视觉冲击力。从金属的性能来看，它具有良好的抗压力、抗冲击力和韧性，能够经受一定的变形和延展，坚固耐用。

金属在触觉上一般冰冷而坚硬，但导热性非常强，所以我们不会用金属制作厨具把柄而直接与手接触。不同的金属材质在颜色上也不一样，比如以铁为主的黑色金属，或者是像金、银、铜等有色金属。金和铜属于暖色金属，显得高贵而华丽，能引起人们的欲望和喜爱。我国古代的贵族向来喜爱铜和金所打造的器具，以象征权势和地位。使用贵重金属材质的产品不仅有贵气，它们所连带的附加价值也可以引发人们炫耀和虚荣的情绪。卡尔·马克思曾经说过，金银的美学属性使它们成为满足奢侈、装饰、华丽、炫耀等需要的天然材料，总之，成为剩余和财富的积极形式。

白和银色的金属,比如,比金银更为稀少的铂,在外观上显得雅致而含蓄。由于其恒久不变的物理特性,人们常用它制作婚戒,代表永恒的承诺等。

除了金银类的贵重金属之外,铜也是运用非常广泛的金属之一。铜本色呈现红色。但如果加入其他的金属混合,就可以制造出类似金和银的材质效果,但硬度胜过金银,比如市面上比较常见的仿金饰品等。

金属材质优良的可塑性给设计者带来了完全自由的创作灵感。有时候,设计师们也会将严肃感应用到产品中。不管是大型建筑还是首饰,不管结构多么复杂,通过拉伸、弯曲等方法,金属材质都可以雕琢得精准美观。

钢铁是我们生活中最常见的金属材质,在颜色和质感上给人一种严肃的科技感、高品质的情感体验,在建筑材料中使用较多。而不锈钢是在钢中加入某些元素,克服了钢铁易生锈的缺点,使其表面耐氧化的能力得到改良。如今,不锈钢产品已进入了人们日常生活中。

铝、钛、镁等这类金属最大的特点便是轻巧,相比钢铁等金属而言,它们更加柔软,更容易变形和弯曲。表面常呈现优雅低调的白色,在感觉上比其他金属更为亲和,给人以科技、时尚的情感体验。

2.1.3 金属材料分类

金属材料包括纯金属和合金。纯金属就是由单一金属元素构成的材料;合金为金属与其他金属或非金属元素经熔炼得到的具有金属性质的产物。

金属和合金数目繁多,为了便于使用,工业上把金属和合金分为黑色金属和有色金属两大部分(图 2-10、图 2-11)。

图 2-10 黑色金属

图 2-11 有色金属

① 黑色金属。黑色金属主要是铁和以铁为基础元素的合金(如铸铁、碳钢、合金钢)。

② 有色金属。有色金属是除黑色金属以外的所有金属及合金(如铜、铝及

合金）。

有些黑色金属并不是真的黑色，如纯铁是银白色的，因为铁的表面常常生锈，覆盖着一层黑色的四氧化三铁（图 2-12）与棕褐色的三氧化二铁的混合物，看上去就是黑色的。

图 2-12　四氧化三铁

世界上产量最高的金属是黑色金属，约占 95％。

有色金属按照密度和稀有程度分为：轻金属、重金属、贵金属。

① 轻金属。通常密度低于 $4.5g/cm^3$ 的金属，包括铝、镁、钙、锶、钡等。特点：密度小，化学活性大，但与 O、S、C 和卤素的化合物都相当稳定。

② 重金属。通常密度大于 $4.5g/cm^3$ 的金属，包括铜、铅、锌、锡、镍、钴、锑、汞、镉和铋等。

③ 贵金属。包括金、银、铂族（钌、铑、钯、锇、铱、铂），它们在地壳中含量少，开采和提取比较困难。共同特点：密度大、熔点高、化学性质稳定、能抵抗酸碱腐蚀（银、钯除外），价格很昂贵。这些金属大多数拥有美丽的色泽，对化学药品的抵抗力相当大，在一般条件下不易发生化学反应。它们常被用来制作珠宝和纪念品。

2.2　金属材料的性能

金属材料来源丰富、价格便宜，还具有优良的造型特征。具有特有的颜色、良好的发射能力、不透明性及金属光泽。具有良好的延展性、导电性和导热性，其表面加工工艺好，在工业产品材料中，常常把金属视为具有特殊光泽、优良导热性和良好塑性的造型材料。现代产品设计趋向于以线条和平面为主，追求简洁、明快、理性的风格，所以，钢、铝等金属合金型材，在产品设计中的应用日趋扩大。因此，基于不同金属材料的现状，它们的特性和加工技术，对金属造型的特征会有很大影响。

我们必须先熟悉金属材料的各种性能，根据产品的技术要求，合理选用所需的金属材料。

2.2.1　金属的特性

金属内部的原子以金属键结合为主，在这种结合方式中，原子的点阵中存在大量的自由电子，而自由电子能够在外场作用下产生相应的效应；另外，由于自由电子与正离子之间有较强的结合力，所以自由电子在离子键的点阵中可以自由运动。

简单说来，金属和其他材料不同就是因为金属有能够自由移动的电子。这些可以自由移动的电子，不被原子核束缚，由于金属的电子倾向脱离，因此具有良好的导电性。

① 具有良好的导电和导热性质。

银导电性最好，铜铝次之，常用铜铝或其合金做电线，银价格太贵，不适宜用来做导线；加热后，金属自由电子运动加快，加速碰撞，提高换热，因此导热好。导热好的金属散热也好，通常常选用铜和铝作为汽车散热材料。

② 表面具有金属所特有的色彩与光泽。

金属平滑的表面所呈现的光泽，大多为不透明。不只金、银等贵金属色，所有色彩带上金属光泽后，都有其华美的特色。金色富丽堂皇，象征荣华富贵、名誉、忠诚；银色雅致高贵，象征纯洁、信仰，比金色温和。

③ 具有良好的延展性，易于加工成型。

金属的塑性形变，在外力作用下延成线不断裂就是延性；受外力锤击或碾压成薄片而不破裂的性质就是展性。金属原子通常是按照最密集方式排列，就像平时堆放水果一样，整齐地罗列起来，各原子间直接距离都差不多，是一种晶体。关键是金属含有自由电子，就是在所有原子之间共用的电子，它们把原子联系得更好。当金属受到作用力时，晶体内产生滑动，但因为共用电子的缘故，金属键不至于断裂，所以才表现出延展性。针对金属塑性可以进行压力成型。

④ 可以制成金属间化合物。

可以与其他金属或非金属在熔融态形成合金，改善金属性能。

纯金属质地软，两种或两种以上金属通过一定工艺均匀地融合在一起，变成具有金属特性的合金，可以改善金属的性能，如提高硬度和抗拉强度。

纯金非常软，人们在黄金中加入少量银、铜、锌等金属使其变成合金以增加黄金的强度和韧性，这样制成的金饰，称为K金（图2-13）。K金按含金量多少又分为24K金、22K金、18K金、9K金等。K金的计量方法是：纯金为24K（即100%含金量），1K的含金量约是4.166%。世界各国采用的首饰材料都不低于8K。这样，实际上真正算作首饰用的K金种类是17种。在这17种K金材料中，18K和14K是使用最多的，24K金理论上是不存在的，就科技水平而言，还无法提炼出纯度达100%的纯金材料。18K金代表含金量为18/24，也就是含纯金75%，其余的为其他的材料如银或铜。大家常见的K金有黄色和白色。黄金中混入25%的钯或镍，就会成为白色，组成它的主要成分还是黄金，叫作白K金（白K金不是白金，白金指铂金属）。

图2-13　K金

铝合金也是一种常用合金，由于纯铝较软、强度低，价格较高，所以纯铝在工业上应用得不多。1906年，德国冶金学家维尔姆在铝中加入少量镁、铜，制得了坚韧的铝合金。不同材料的合金叫法不同，如铝硅合金、铝铜合金、铝镁合金、铝锌合金和铝稀土合金等。

铝合金具有坚硬美观、轻巧耐用的优点，十分适用于厨用器具外壳（图2-14）。

图2-14　铝合金制厨用器具外壳

与塑料材质相比，铝合金材质水杯具有更好的遮光性、阻挡性、可回收性以及成形性能。可以在水杯外部印制不同的色彩和图案来满足不同用户的喜好（图2-15）。

铝合金是制造飞机的理想材料，铝合金在汽车领域的应用也越来越普遍。使用铝作为车体材料，可以降低车体的重量，从而减少耗油量或者骑行者消耗的体力（图 2-16）。

图 2-15　铝制水杯

图 2-16　铝制车体

⑤ 除少数贵金属外，几乎所有金属的化学性质都较为活泼，易于氧化生锈，产生腐蚀。

⑥ 表面工艺性能优良，可以采用各种装饰工艺，获得理想的表面质感。

金属铝、铬表面容易形成氧化膜，反而保护金属。铁在空气中生成氧化铁，氧化铁结构疏松，容易被腐蚀（图 2-17）。

2.2.2　金属材料的力学性能

金属材料的力学性能是零件设计和选材时的主要依据。外加载荷性质不同（例如拉伸、压缩、扭转、冲击、循环载荷等），对金属材料要求的力学性能也将不同。常用的力学性能包括：强度、塑性、硬度、冲击韧性、多次冲击抗力和疲劳极限等。

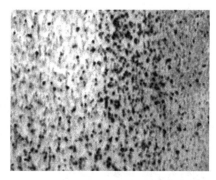

图 2-17　金属氧化

金属的强度按照作用力不同，分为抗拉强度、抗压强度、抗弯强度、抗剪强度等。金属的硬度越高，耐磨性越好。金属的力学性能往往不是单独存在，一般提高强度和硬度就会降低塑性和韧性，提高塑性和韧性就会削弱其强度。

2.2.3　金属材料的加工性能

（1）铸造性

铸造是指熔融状态的金属浇入铸型（模具）后，冷却凝固成为具有一定形状铸件的工艺方法。铸造成型成本低，工艺灵活性大，适应性强，适合生产不同材料、形状和重量的铸件，适合批量生产，铸造材料有铸铁、铸钢、铸铝、铸铜等（图 2-18、图 2-19）。

图 2-18　金属铸造

图 2-19　金属铸造件

铸造时，金属熔化后的流动性，经冷却收缩后出模，由于凝固和收缩，体积和尺寸减小，但是收缩率越小越好。

（2）锻造性

金属材料的锻造性是指金属能否用锻造方法制成优良的锻压件的性能。金属在常温下就可以进行塑性变形，复杂曲面造型如手机壳、汽车、飞机外壳可以采用压力加工方法制得（图 2-20、图 2-21）。

图 2-20　金属锻造

图 2-21　金属锻造件

锻造时，在外力作用下，金属材料会发生塑性变形，塑性越好，其锻造性能越好。铸铁塑性低，不能进行压力加工，不能用来制造处理和贮存剧毒或易燃、易爆的液体和气体介质的设备。

（3）焊接性

金属材料可以用焊接方法连接起来。焊接是一种以加热方式接合金属或其他热塑性材料的加工工艺技术（图2-22）。

（4）切削加工性

金属切削加工是用切削工具将坯料或工件上的多余材料切除，以获得所要求的尺寸、形状、位置精度和表面质量的加工方法。切削加工一般包括锯削、车削、镗削、孔加工、螺纹加工、尺寸加工、拉削、磨削等工艺（图2-23）。

图2-22 焊接

图2-23 金属切削

一般铸铁、黄铜、铝合金等切削加工性良好，纯铜、不锈钢切削加工性较差。

2.3 常用金属材料

2.3.1 产品设计中常用的黑色金属

（1）纯铁

世界上绝对的纯铁是不存在的，这里指的纯铁是含碳量在 $0.02\%\sim0.04\%$ 的铁。由于纯铁强度不高，活性太强，很少用作日用品材料。

（2）铸铁

铸铁是含碳量在 2.11% 以上的铁碳铸造合金，是以生铁为原料，在重熔后直接浇铸成铸件（图 2-24）。

图 2-24　铸铁

由铁矿石直接提炼的就是生铁。生铁杂质多，含碳量高。

铸铁在产品造型设计中应用非常广泛，虽然铸铁力学性能（抗拉强度、韧性、塑性）较差，但有优良的减振性能和耐磨性，成本低廉，大量用做各种机床的机身、床脚、箱体、户外家具以及一些机电产品主要承受压力的壳体、箱体、基座等工业产品的材料。由于铸铁成型表面相对粗加工，工件肌理较粗糙，反光较暗淡，故而在心理上给人以凝重、坚固、粗犷的质感效果。

① 白口铸铁。其中的碳几乎全部以化合物状态（Fe_3C）存在，断口成银白色，故而叫白口铸铁。由于这种铸铁的性能硬而脆，不能承受冷加工，也不能承受热加工，很少用于制造零件。有时利用其硬度高、耐磨性好的特点，制造一些高耐磨性的机件和工具或作为炼钢原料。

② 灰口铸铁。灰口铸铁中的主要以片状石墨形式存在，断口成暗灰色，故称灰口铸铁。灰口铸铁铸造性和减振性好，因为石墨阻止了振动的传播，减振性能是钢的 5～10 倍，是工业上应用最广泛的铸铁。它是制造床身、基座、发动机气缸、齿轮、调速轮、制动盘和鼓轮的优选材料。并且由于石墨的存在，灰口铸铁有良好的润滑性。

最常见的产品是钢。

③ 球墨铸铁。铸铁中石墨呈球状。球墨铸铁强度比灰口铸铁高得多，并具有一定塑性和韧性，但减振性不如灰口铸铁。在一些国家，球墨铸铁产品数量已超过铸钢，仅次于灰口铸铁。它主要用于制造某些受力复杂、承受载荷大的零件，如汽车、拖拉机底盘等多种零件以及阀门、管道及配件材料等。

灰口铸铁适用于强度要求不高的产品，球墨铸铁适用于强韧、复杂的产品，但是球墨铸铁要比灰口铸铁昂贵。

（3）钢

钢的主要成分是铁，是含碳量在 0.02%～2.11% 的铁碳合金（图 2-25）。

钢和铸铁比，控制了碳的含量。含碳量越高强度越大，但是延展性就越低。铸铁含碳量高所以塑性低。

图 2-25 钢制品

钢的分类见图 2-26。

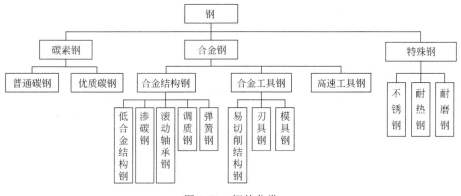

图 2-26 钢的分类

① 碳素钢（简称碳钢）。碳素钢是指含碳量大于 0.0218％而小于 2.11％的铁碳合金。

a. 低碳钢：含碳量小于 0.25％。韧性好，容易锻压成板，工字形截面可制成钢丝，为最廉价的结构金属。

适合做压制钢板、屋面板、汽车车身、罐头、预应力钢筋、建筑物钢材部件。

b. 中碳钢：含碳量为 0.25％～0.5％，淬火后硬度增大。中碳钢是建筑和工程领域重要的原材料，主要产品包括轴承齿轮支座、转动曲柄、轴身等。

c. 高碳钢：含碳量为 0.5％～1.6％，具有更高的硬度，是切割工具、刀具、冰刀、凿刀、索缆及钢琴钢丝的原材料。

② 合金钢。合金钢是指在碳素钢基础上，适当加入一种或几种其他元素，形成的具有特殊性能的钢。合金钢分为合金结构钢、合金工具钢、高速工具钢和特殊钢。

不锈钢属于特殊钢（图2-27）。

图2-27　不锈钢

钢与少量的铬、镍可以做成合金。钢掺入铬金属后就不一样了，氧气还没有碰到铁，铬就抢着先和氧气发生反应形成氧化铬。氧化铬是透明坚硬的物质，对铁的附着力极强，就像给铁套了一层隐形的盔甲，把铁完全包住。另外这层膜还能自我修复，就是说，不锈钢表面磨掉了，保护膜遭到破坏，也能自行修复（图2-28）。

不锈钢给人一种现代感。不锈钢水槽在

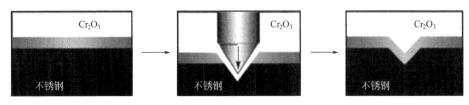

图2-28　钢与铬的合金

发达国家的使用率非常高，已经成为大多数家庭的洗涤工具，可以说是厨房洗涤容器的主流。不锈钢可以做餐具，因为不锈钢无毒、无味，不生锈，与食物接触无溶出物，安全卫生（图2-29）。

图2-29　不锈钢产品

不锈钢分为以下几种。

马氏体不锈钢：含碳量0.1%～1%，铬含量约12%～18%，耐磨性、强度、硬度高。常做刀具，像耐腐蚀手术刀、刮胡刀、切菜刀。还可做耐蚀结构件，如汽轮机叶片、锅炉管附件、螺栓等。

奥氏体不锈钢：低碳（小于0.12%）、高铬（17%）和高镍（大于8%）。奥氏体不锈钢主要应用于家居用品、工业管道以及建筑结构中；强度、硬度较低，但是塑性、韧性较好，不会出现低温脆性，适于在较低温度下使用。奥氏体不锈钢是产品设计中应用最广泛的不锈钢。

300 系不锈钢成型较好，室内外装饰金属制品、食品器具、家具用品、泵、冷凝器用得最多，还可以做飞机零件、散热器、医疗器械等。300 系不锈钢中最出名的是 304 不锈钢（图 2-30）。

碳元素与晶间的铬发生反应生成碳化铬（图 2-31），导致晶间的铬含量下降。不锈钢防锈也不是万能的，因为 C 元素会和铬发生反应，常发生在晶界位置，有点类似于在橘子瓣之间的位置发生反应，这需要我们加大铬的含量并降低 C 的含量，获得防腐性能更高的不锈钢。有一种铁素体不锈钢，这类钢低碳（小于 0.15%）、高铬（13% ~ 28%），改善了马氏体不锈钢耐腐性不好的缺点。

图 2-30　304 不锈钢

其在高温和室温下均为单相铁素体，耐晶间腐蚀，但价格较贵。常用于制造耐硝酸、有机酸、碱、盐、磷酸、硫化氢的结构件和抗高温氧化结构件。这类材料脆性大。

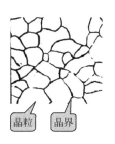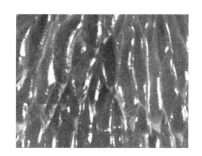

图 2-31　碳化铬

彩色不锈钢：不锈钢不是通过刷油漆，也不是通过染色或镀金，而是不锈钢表面经过强氧化剂处理后，表面形成薄而透明的氧化膜，因为处理的程度不同，出现的膜厚不同，由于薄膜干涉现象，使得不锈钢出现了颜色。氧化膜厚度薄的时候出现蓝色或棕色，氧化膜厚度适中时出现金黄色或红色，较厚时出现绿色甚至黑色（图 2-32）。

2.3.2　产品设计中常用的有色金属

（1）铝及其合金

铝的使用时间并不久，现在很廉价的铝在过去可是珍贵的金属。1854 年，

图 2-32　彩色不锈钢

法国化学家德维尔经过复杂的化学反应把铝矾土还原成铝。那时的铝十分珍贵，在一次宴会上，法国皇帝拿破仑独自用铝制的刀叉，而其他人都用银制的餐具，可见铝在那时是比银还珍贵的金属。

1855 年巴黎国际博览会上，展出了一小块铝，标签上写着"来自黏土的白银"，并将它放在最珍贵的珠宝旁边。

1886 年，美国科学家用电解法从熔融的铝矾土和冰晶石的混合物中制得了金属铝，奠定了今天大规模生产铝的基础。

1889 年，伦敦化学会还把铝和金制的花瓶和杯子作为贵重的礼物送给门捷列夫。

① 纯铝。

a. 密度低：纯铝密度约为 $2.7kg/m^3$，比镁的密度稍大，大约是钢材（$7.85kg/m^3$）的 1/2.9，铜的 1/3.3。铝是轻量金属的代言人。

b. 延展性好：纯铝很软，强度不大，有着良好的延展性，可拉成细丝和轧成箔片，大量用于制造电线、电缆，应用于无线电工业以及包装业。

铝和银、金的延展性一样好，100～150℃时可以压成 0.01mm 厚度的铝箔，可以包装香烟、糖果。

铝通常是从氧化铝的铝土矿中提取出来，但是氧化铝的熔点温度极高，达2000℃以上，不可能通过热还原法制得，目前都是用电解法获得纯铝，也使高价的铝变成现在低价的铝。铝大量应用于飞机、公交车车体、自行车、地铁车厢等（图 2-33）。

c. 导电性好：铝的导电能力约为铜的 2/3，但由于其密度仅为铜的 1/3 左

图 2-33 铝制品示例

右，因而，将等质量和等长度的铝线和铜线相比，铝的导电能力约为铜的 2 倍，且价格较铜低，所以，野外高压线多由铝做成，这节约了大量成本，缓解了铜材的紧张。

d. 导热性好：铝的导热能力比铁大 3 倍，工业上常用铝制造各种热交换器、散热材料等，家庭使用的许多炊具也由铝制成。与铁相比，它还不易锈蚀，延长了使用寿命。铝粉具有银白色的光泽，常和其他物质混合用作涂料，刷在铁制品的表面，保护铁制品免遭腐蚀，而且美观。导热性好的材料散热性也好。电脑散热器和暖气散热器通常用铝材制作（图 2-34）。

图 2-34 铝制散热器

e. 耐腐蚀性好：铝在自然环境中形成氧化铝薄膜，可以阻绝空气进一步氧化，具有优良的耐腐蚀性，适合在室外及恶劣环境中使用。

铝和氧的亲和力大，表面形成致密坚硬的氧化膜，和不锈钢很相似，由于纯铝较软、强度低、价格较高，所以，纯铝在工业上应用得不多。1906 年，德国冶金学家维尔姆在铝中加入少量镁、铜，制得了坚韧的铝合金，后来，这一专利被德国杜拉公司购买，所以铝合金又有"杜拉铝"之称。

② 铝合金。铝合金是以铝为基体，里面加入其他合金元素（铜、硅、镁、锌、锰等）制成的，它具有优良的导电、导热、抗腐蚀性，铝的优点，铝合金基本都继承了，还拥有其特殊的性能特点，可以使用在不同的场合，满足不同的功能需求，如高强度（其比强度接近或超过钢），易加工、耐冲压，并且可阳极氧化成各种颜色。

铝合金分为变形铝合金和铸造铝合金。

变形铝合金：变形铝合金能承受压力加工，可加工成各种形态、规格的铝合金材。主要用于制造航空器材、建筑用门窗等。

变形铝合金主要用途有铝合金型材、铝合金装饰板、铝合金箔材等。

a. 铝合金型材。利用塑性加工可将铝合金坯锭加工成不同断面形状及尺寸规格的铝材。按断面形状分为角、槽、丁字、工字、Z字等几大类别，而每一类别又有若干品种，如角型材分为直角、锐角、钝角、带圆头、异形等。铝合金型材采用挤压法和轧制法生产，无论哪种复杂的断面形式及规格均可一次挤压成形，具有质轻、高强、耐磨、耐腐蚀、刚度大等特点，不仅有装饰作用，而且具有一定的承重作用。型材经氧化着色处理或者喷涂处理后可得到各种雅致的色泽，具有良好的装饰性，广泛用作产品造型材料、展示材料、门窗框体材料、墙面和吊顶骨架支撑材料等（图2-35）。

图 2-35　铝合金型材

b. 铝合金装饰板。铝合金板材经过辊压、冷弯等工艺制成的具有一定形状的装饰板，表面经过阳极氧化、喷漆、覆膜或精加工等处理可获得各种色彩或肌理。铝合金装饰板质轻，耐久性和耐蚀性好，不易磨损，造型优美，安装方便。铝合金装饰板是现代流行的新型、高档的装饰材料，广泛用于内外墙、屋面室内天棚的装饰，以其特有的光泽质感丰富了现代城市环境艺术的词汇。铝板的种类繁多，常用的有铝塑复合板、单层彩色压型板、铝合金花纹板、铝制浅花纹板、冲孔吸声板等（图2-36）。

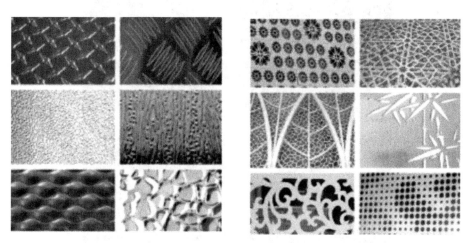

图 2-36　铝合金装饰板

使用精确的镂空切割技术，可以保持铝合金装饰板的完好表面，高精度地完成设计要求。随着对铝合金材料的深入研究，新型绿色环保材料——纳米陶瓷铝板已经广泛应用于地铁、高铁、轻轨站厅与站台装饰，写字楼、商场、酒店、医院、车站、体育场馆、展览馆、机场等建筑物室内外装饰、幕墙（图2-37）。

位于苏州工业园区金鸡湖畔的苏州科技文化艺术中心被称为"苏州鸟巢"，如图2-38。由世界顶尖设计师保罗·安德鲁设计的苏州科技文化艺术中心，通过使用镂空的六边形双层铝合金挂板作为基本单元，连续地进行几何叠加，使外墙的空间感和延展性得到体现，实现了其对苏州传统元素"一段墙壁"的理念的传达。

c. 铝箔。铝箔是把纯铝或铝合金轧制成厚度在0.2mm以下的薄膜，如图2-39。铝箔是金属箔中用量最大且用途最广的一种包装材料，铝箔采用压延方法压制而成，可与塑料薄膜复合成复合薄膜，因此，铝箔广泛用于各种商品的包装。由于被包装的物品与外界的光、湿、气等充分隔绝，从而使包装物受到了完好的保护。

铝箔的主要包装性能是防潮性、保鲜性、遮光性和反射性。铝箔是柔软的金属薄膜，不仅具有防潮、气密、遮光、耐磨蚀、保香、无毒无味等优点，而且还因为其有优雅的银白色光泽，易于加工出各种色彩的美丽图案和花纹，因而更容易受到人们的青睐。因此可以说，铝箔是比较完美的包装材料，在诸多领域中都

图 2-37　铝合金装饰板的应用

图 2-38　"苏州鸟巢"

图 2-39　铝箔

充分显示出它广阔的应用前景。

铝箔用于包装材料同样也具有一定的缺陷，比如在使用过程中会形成针孔而降低其阻隔效果。因此，通过铝箔与其他材料的复合来改善这一缺点就显得尤为重要。所以铝箔常与高分子聚合物、纸或其他金属薄板等制成复合材料使用。

典型的铝箔复合材料如铝箔复合软管，就是以铝箔、塑料或树脂为基材，经一定的方法制成铝箔复合带，再由专门的制管机加工成管状半刚性包装制品，是全铝软管的更新换代产品。纸和铝箔在回收过程中的分离减少了材料的浪费和对环境造成的负载。塑料软管阻隔性比铝塑软管差，厚度更厚。

铸造铝合金：在铸造合金中，铸造铝合金的应用最为广泛，是其他合金所无法比拟的。铸造铝合金的加工性能好，成型方法丰富，可以生产不同用途、不同品种规格、不同性能的具有复杂形态的铸件，如铝合金烘焙模具（图 2-40）。

图 2-40　铸造铝合金产品

全世界耗铝量的 12%～15% 用于汽车工业，有些发达国家已超 25%，如日本，铝铸件的 76%、铝压铸件的 77% 为汽车铸件，如图 2-41。

铝合金铸件主要应用于发动机气缸体、气缸盖、活塞、进气歧管、摇臂、发动机悬置支架、空压机连杆、传动器壳体、离合器壳体、车轮、制动器零件、把手及罩盖壳体类零件等。全铝发动机气缸体具有重量轻、功率损失小的优点，且铝的导热性和散热性好，铸造铝合金发动机气缸体的加工工艺要优于铸铁发动机气缸体。

减轻重量可以实现省油。汽车的自身重量每减少 10%，燃油的消耗可降低 6%～8%。据最新资料，国外汽车自身重量与过去相比减轻了 20%～26%。例如，福克斯某车型采用了全铝合金的材质，在减轻车身重量的同时，还增强了发动机的散热效果，提高了发动机工作效率，而且寿命也更长。铝的密度仅为钢的

图 2-41　汽车铝合金铸件

约 1/3，在保证汽车品质和功能不受影响的前提下，使用铝合金制品能最大限度地减小零部件的质量，以达到节能减排目标。

③ 铝和铝合金的应用。铝及铝合金的应用时间虽不长，但它在产量和用量上已成为仅次于钢铁的第二大金属用材。铝及铝合金以其良好的综合性能，已经被广泛用在人们衣、食、住、行、用的各个方面。

图 2-42　铝合金拉杆箱

铝合金箱包的耐用性是非常高的。对于经常旅行的人来说，轻量化的铝合金箱包具有很大的便利性，如图 2-42 为铝合金拉杆箱。通常铝合金拉杆箱侧面为平坦的平面，方便外出时堆叠摆放。铝合金材质的拉杆箱具有银白色的外观，具有科技感和一定的华丽感。当环境变得潮湿时，防潮性优异的铝合金材质的拉杆箱变得非常实用。另外铝合金材质具有很好的强度，有益于更好地保护箱内物品。

简要介绍一下阳极氧化（如图 2-43）。

阳极氧化即金属或合金的电化学氧化。铝及其合金在相应的电解液和特定的工艺条件下，由于外加电流的作用，在铝制品（阳极）上形成一层氧化膜。为了克服铝合金表面硬度、耐磨损性等方面的缺陷，扩大应用范围，延长使用寿命，表面处理技术成为铝合金使用中不可缺少的一环，而阳极氧化技术是目前应用最广且最成功的铝合金表面处理技术。

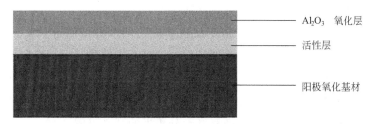

图 2-43　阳极氧化示意

阳极氧化还是强化盔甲的过程。铝外壳经过阳极氧化后会在表面产生一层防腐耐磨并美丽的氧化膜，氧化膜的特点也相应地奠定了阳极氧化在表面处理工艺中的地位。针对铝合金的阳极氧化方法比较多，可以应用在日常生活中。这种工艺的特性，使铝件表面产生坚硬的保护层，可用于生产厨具等日用品。

铝合金外壳经过阳极氧化披上了一层防护"外衣"，由于阳极氧化膜在自然环境中化学性质十分稳定，可以给铝合金外壳提供防腐保护。

同时阳极氧化膜具有较高的硬度，且粗糙度低、表面平滑，这大大地提高了铝壳的耐磨性，而如果在阳极氧化过程中添加各式有机、无机染料，让阳极氧化膜具备颜色，会给铝外壳带来美丽的外观。阳极氧化可以实现除白色以外的任何颜色，还可通过遮蔽或去除部分氧化层实现双色阳极氧化。

铝合金材质的厨具导热速度很快、受热均匀、经济实用、重量轻、使用方便。表面经阳极氧化处理的铝合金材质厨具，可以防止它与含酸性物质的食物发生反应（图 2-44）。

图 2-44　铝制用品

铝合金制易拉罐在食品包装中有着丰富的应用，著名的可口可乐公司长期使用铝合金制可乐罐，此外由铝材制成的易开盖开启性能优于镀锡板易开盖。长期以来，尽管铝制饮料罐等金属包装物一直受到镀锡板和 PET 材料的挑战，但由于其重量轻，且具有可回收优势，目前仍是主要的饮料包装形式之一，不仅得到稳定发展，而且也在不断地开发创新（图 2-45）。

铝箔餐盒，其最主要的特点是产品重量轻、回收方便并且回收再利用率较高，并且不污染可再生资源，在处理过程中没有有害物质产生，符合国家食品卫生标准。除此之外，相比"白色污染"即难降解的塑料垃圾所造成的地质变化，铝质餐盒置于土中两到三年就可风化，并且不对土地形成持续伤害和植入式性质改变，对节约资源、减少环境污染有着十分积极的意义（图 2-46）。

图 2-45　铝制易拉罐　　　　　　　　图 2-46　铝制餐盒

用铝合金模板替代木板模板的技术越来越多地被运用到楼盘建设当中。据悉，采用铝合金模板建造的楼盘节能环保，同时提高了施工的安全性和效率。这不仅使楼房建筑安全更有保障，同时大大提高了施工效率（图 2-47）。

图 2-47　铝制模板建造的建筑

由两位荷兰设计师设计的十分经济实用的座椅如图 2-48 所示，该款由一整块铝板弯制而成。座椅整体重量非常轻。经过打孔和弯压制成，部件可以自行组装。

铝合金是制造飞机的理想材料，飞机外壳主要采用铝合金制作（图 2-49）。

图 2-48 铝制座椅

图 2-49 铝合金飞机

智能手机的外壳可能是使用者最常接触的部分，如图 2-50。外壳可以说是整个手机的支撑骨架，有助于手机内各种电子零件的定位及固定，同时在手机受到外来物体的撞击或渗漏时给予保护。目前主流手机品牌中，机身材质主要有塑料、金属、玻璃三大类。塑料便宜，工艺成熟，但是手感较差；玻璃机身外观精致，但很难解决易碎的问题。金属材质有着其他材质无法替代的质感和触感。从手机生产角度来看，铝金属外壳成型要比 ABS 相对困难，但由于铝合金机壳比工程塑料机壳的强度更高、散热性能更好，又比钛合金、碳纤维等其他材料更便宜，以铝合金材料作为外壳材料仍是很好的选择，多应用于中高端手机市场。

移动便携性能无论是对于小型数码相机还是专业型单反相机来说都十分重要。由相机外壳常用的材质铝合金的金属质感带来的科技感一直备受男性用户的喜爱，随着铝合金表面阳极氧化着色技术的广泛应用，在诸多电子产品表面可以处理出更加丰富的色彩，同时不失其金属质感。如

图 2-50 铝制手机外壳

通过表面处理工艺上色为粉蓝色和粉红色，可使产品更美观，同时增加价值感，也受到越来越多的女性用户的喜爱。其表面阳极氧化着色效果是工程塑料以及碳纤维材料所无法企及的（图 2-51）。

铝合金是应用最广的有色金属，铝合金材料不但有金属的强度，而且重量轻、易于散热，同时抗压性较强，在机械强度、耐磨性上有了极大的提升。出色

的导热性能和机械强度使其十分适合作为笔记本电脑外壳材料，其硬度是传统塑料机壳的几倍，出色的表面质感也越来越受消费者青睐（图 2-52）。

图 2-51　铝制相机外壳　　　　　　图 2-52　铝合金制笔记本电脑外壳

（2）铜及其合金

铜拥有良好的导电性和导热性。纯铜强度不高，在实际应用中通常以黄铜、青铜、白铜出现。

① 纯铜。纯铜是玫瑰红色金属，常成紫红色，故称红铜或紫铜。其熔点 1083℃，密度约为 $8.89kg/m^3$，具有良好的导电性，可做电线。纯铜在空气中耐蚀性优良。因此纯铜可以制作实用品和工艺美术用品，但强度不高，不宜做受力的结构件（图 2-53）。

图 2-53　纯铜制品

② 铜合金。铜合金分为黄铜、青铜和白铜三类。

a. 黄铜。黄铜是铜和锌的合金，色泽呈金黄色，其中仅加入锌元素构成的黄铜为普通黄铜。锌较少时，黄铜为单相黄铜，塑性好，强度低。如铜含量为70％时，黄铜 H70 常进行冷变形成型，如制造弹壳、冷凝器管、仿金涂层，这种黄铜又称为弹壳黄铜。锌含量较多时为双相组织，强度较高，室温塑性较差，热塑性和铸造性较好。含铜62％时，黄铜 H62 适合做受力件，如弹簧、垫圈、螺钉、导管、散热器等。普通黄铜对大气的耐腐蚀性较好，且锌的加入降低了成本（图2-54）。

图 2-54　黄铜制品

黄铜长期以来一直是装饰用的一种流行材料，它的外观类似于金色，例如用于抽屉拉手和门把手。它也被广泛用于各种器具，具有许多特性，如熔点低（900～940℃）、可操作性强、耐用性好、热导率高。

另外黄铜敲起来声音独特，因此东方的锣、钹、铃、号等乐器，还有西方的铜管乐器大多是用黄铜制作的。

为了提高黄铜的力学性能、切削性能和耐蚀性，在铜锌合金中加入铅、锰、硅、锡、铝、镍等元素形成特殊的合金，这类合金叫特殊黄铜。如含62％铜、锡1％，余下的为锌的称为锡黄铜 HSn62-1。其耐海水腐蚀性较好，广泛用于船舶零件（螺旋桨）等，固有海军黄铜之说。含铜74％、铅3％，余下的为锌的称为铅黄铜 HPb74-3，其耐磨性和切削性较好，广泛用于钟表零件，故称为钟表黄铜。

b. 青铜。青铜原指铜锡合金，但工业中也把不含锡而含铝、镍、锰、硅、铍、铅等特殊元素的合金叫做青铜。青铜包括锡青铜、铝青铜、铍青铜、硅青铜等。青铜的发现使古时候人们能够创造比以前更硬、更耐用的金属物品。青铜工具、武器、装甲和建筑材料（例如装饰砖）比其前身的石头和铜（"黄铜矿"）更硬，更耐用。

锡青铜是以锡为主加元素的铜合金，具有良好的减摩性、抗磁性和低温韧性，耐蚀性比纯铜和黄铜好些，常用于制作弹簧、轴承、齿轮、电气抗磁零件、耐蚀零件和工艺品等。

铝青铜是以铝为主加元素的铜合金，其价格较低、色泽美观。与锡青铜和黄铜相比，铝青铜具有更高的强度，更好的耐磨性、耐蚀性和耐热性，主要用作在海水或高温下工作的高强度耐磨耐蚀零件，如弹簧、船用螺旋桨、齿轮、轴承，是应用最广的加工青铜。

铍青铜是以铍为主加元素的铜合金，是铜合金中最好的合金，经淬火处理后，硬度和抗拉强度远超过其他铜合金，甚至可以和钢材媲美。此外，还有优异的弹性、耐磨性、耐蚀性、耐疲劳性、导电性、导热性、耐寒性，并无铁磁性，撞击时不产生火花，有良好的冷热加工性和铸造性，为铜合金之王。常用于电接触器、防爆矿用工具、电焊机电极、航海罗盘、精密弹簧、高速高压轴承等，但是价格贵、有毒，应用受限。（产生火花是因为有些合金含碳，并且硬度大导致摩擦生热）。

c. 白铜。白铜是镍和铜的合金，呈银白色，白铜具有优良的塑性、耐热性、耐蚀性和特殊的导电性，主要做精密仪器零件和仿银的装饰品（图2-55）。

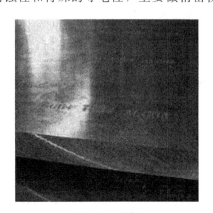

图2-55　白铜

（3）镁及其合金

镁是地壳中第八大元素，也是地球上第四大最常见的元素（仅次于铁、氧和硅），占地球质量的13％，占地幔的很大一部分质量。它是溶解在海水中仅次于钠和氯的第三种最丰富的元素。

镁具有良好的特性，密度小（1.74g/cm^3），是铝金属的64％，锌的25％和钢的20％。其比强度高，还能很好地运输热量和电，被誉为21世纪绿色工程材料。镁是易燃的，燃烧时会产生强烈的明亮白光。

燃烧或熔融的镁与水剧烈反应。当使用镁粉时，需使用带有护目镜和紫外线过滤器的安全眼镜（例如使用电焊机时），因为燃烧镁会产生紫外线，该紫外线会永久性地损坏人眼的视网膜。

镁不稳定，所以常做合金使用。镁与铝、铜、锌、锆、钍等金属可构成合金，合金与纯镁比较，其力学性能更为优良，是很好的结构材料。镁合金压铸件最小壁厚可达0.6mm，强度高、耐冲击、散热好、尺寸稳定和弹性模量大，承受冲击载荷能力比铝合金强。铸造镁合金具有比强度和比刚度高，振动阻尼容量大，在汽油、煤油和润滑油中性能稳定等特点。这些特性使镁合金应用领域十分广泛，如交通运输、电子工业、军工等领域。尤其在航空航天、轨道交通、电子产品、生物医用、自行车、建筑装饰等领域应用前景广阔，已经成为未来新型材料的发展方向之一。

在金属材质制造壳体中，易于成型以及轻质的镁合金材料是铝合金材料的一大强有力的竞争对手。但是除了轻，镁合金优势不大（表2-1）。

表2-1 不同材料物理性能对比

物理性能	铝合金	塑料		钢材	镁合金
		ABS	PC		
密度/(g/cm^3)	2.7	1.1	1.23	7.85	1.8
弹性模量/GPa	71	2.1	6.7	202	45
抗拉强度/MPa	120～290	72	104	510	200

镁合金可以大大改善飞行器的气体动力学性能并能明显减轻其结构重量，因此，许多部件用镁合金制作（图2-56）。一般航空用镁合金主要是板材和挤压型材，少量是铸件。

图2-56 飞行器

目前，法国、日本、中国等多个国家的高铁，已经大量使用镁合金制作零部件，它成为高速列车轻量化的关键材料（图2-57）。

由于重量轻且具有良好的力学和电性能，镁被广泛用于制造手机、笔记本电脑和平板电脑、相机以及其他电子组件，如图2-58。单反相机中的骨架常用镁合金来制作，一般中高端及专业数码单反相机都采用镁合金做骨架，使其坚固耐用、手感好。三星推出的Notebook 9（2018）系列笔记本电脑中使用了镁合金，以后也用于三星旗下的手机、可穿戴设备，将使这些设备更轻、更坚固。

（4）钛及其合金

钛是1791年由威廉·格里高（William Gregor）在英国康沃尔郡发现的，并由马丁·海因里希·克拉普罗斯（Martin Heinrich Klaproth）以希腊神话中的泰坦命名（图2-59）。

图 2-57　高铁

图 2-58　镁合金用于电子产品

图 2-59　钛　　　　　　　　　图 2-60　使用钛合金的神舟飞船

空客 A380 使用了钛合金，神舟八号也用了钛合金（图 2-60）。钛合金可以自行修复，其表面形成氧化膜保护钛金属。钛成银白色，化学性质活泼，耐高温，熔点在 1662℃，密度 4.54g/cm³。

钛合金又叫"太空金属"。某些飞机速度很快，与空气摩擦时会产生高温，导致铝合金氧化和变形，所以需要使用钛合金做机身。民航飞机大部分还是用铝合金做，因为民航飞机慢；对于速度较高的飞机，譬如神舟飞船穿越大气层时温度高达1000℃，钛合金优势就体现出来了。因此钛合金也叫"太空金属"。

在非合金状态下，钛与某些钢一样坚固，但密度较小。

钛可以与铁、铝、钒和钼等组合，以生产坚固、耐高温、轻巧的合金，用于航空航天（喷气发动机、导弹和航天器）、军事、工业过程（化学和石化、海水淡化厂、纸浆和纸）、汽车、农业、医疗假肢、骨科植入物、牙髓器械和锉刀、牙科植入物、体育用品、珠宝、手机、眼镜等（图2-61）。

图2-61 钛的应用

钛合金一般是钛和铝、钒混合，锻造性好，蠕变小，可以做超薄型产品如笔记本电脑、移动电话等的制造材料。其造价虽然高，但强度、密度合适，是极有价值的材料。

（5）其他金属合金

① 金：用于金笔、珠宝、手表、梳妆台盒子、乐器、反射镜、铭牌、眼镜框、手镯、纪念品、小玩具（图2-62）。

图2-62 黄金制品

足金质地太软，承受不了太精致的加工，多用来做传统样式。与足金相比，K金硬度高，延展性更强，适合做复杂的工艺处理，如镶嵌、雕刻等，因此K

金的工费自然会比普通足金高一些。

②锌：锌是一种蓝白色、有光泽的抗磁性金属。锌在空气中以明亮的蓝绿色火焰燃烧，释放出氧化锌烟雾。锌主要用于黄铜制造（图2-63）。

图 2-63　锌

③镍：镍是一种有光泽的银白色金属，其银白色带一点淡金色。镍属于过渡金属，质硬，具延展性。镍金属表面与周围的空气反应，形成了一层带保护性质的氧化物。工业产品设计中常通过电解或化学方法在金属或非金属上镀一层镍，使得产品表面质感美观，常用于节能灯头、硬币等产品（图2-64）。

图 2-64　镍

镍有超高弹性，可以抵抗变形，与钛构成记忆合金。镍是微黄色金属，具有良好的强度和韧性，能抵抗大气腐蚀，与强碱不发生作用，与弱酸反应缓慢，容易抛光，能得到镜面光亮的镀层。

④银：银餐具、打火机、乐器、轴承、外科工具、化学设备、电触头（图2-65）。

⑤锡：锡的存在感很低，一般就做马口铁。锡熔点231℃，无毒性，适合做产品包装。马口铁：双层镀锡的铁皮，一般做食品、饮料包装，以及冰箱、硬盘等的电子部件（图2-66）。

图 2-65　银

图 2-66　锡

2.4　金属成型加工工艺

2.4.1　铸造成型

铸造是将金属熔化并浇注到具有零件形状的铸型型腔中，等其冷却凝固后，获得毛坯或零件的方法。熔化的液态金属在一定的压力作用下充满铸型而获得铸件。铸造方法分为普通砂型铸造和特种铸造。

（1）普通砂型铸造

普通砂型铸造是以砂为主要造型材料制备铸型的一种铸造方法。目前 90% 以上的铸件是用砂型铸造方法生产的（图 2-67）。

模型可采用木模、金属模、蜡模、3D 打印模具（图 2-68）。

下面以门把手砂型铸造为例进行讲解（图 2-69）：

砂型一般分为干湿两种。湿砂型是通过水、细砂、黏土组成。干砂型是由细砂和胶黏剂组成。具体过程如下（图 2-70）。

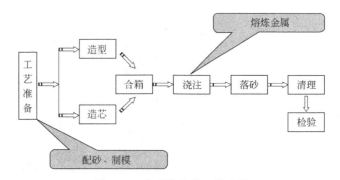

图 2-67　砂型铸造的工艺过程

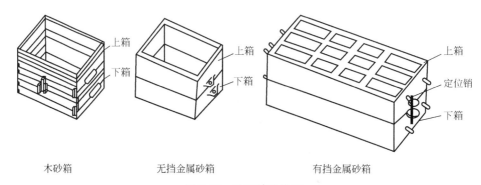

木砂箱　　　　　　无挡金属砂箱　　　　　　有挡金属砂箱

图 2-68　砂型铸造模型

图 2-69　砂型铸造门把手

① 将产品的成型板上的灰尘扫掉，避免影响成型。简单的苏打就可以解决灰尘的问题，它的价格也很便宜。

② 在产品的周围部分添加砂子，一定要确保填满，尤其是当有精致的细节时。

③ 填满后，将其表面的砂处理平整，使用其他的板或底板，将其整个倒过来，上端在底部。

④ 上下颠倒后，打开刚刚原本在底部的成型板可以看到产品，取出成型板。

⑤ 使用刀或刀片将产品周围的砂土挖掉，直到可以安全地拿出产品，不会干扰剩余的砂子。这将成为产品的一个"分界线"。

⑥ 增加一个"注入口"，也就是熔化金属将被倒入的洞。

图 2-70　门把手铸造过程

（2）特种铸造

特种铸造分为熔模铸造、金属型铸造、压力铸造、低压铸造、消失模铸造、离心铸造等几种。

① 熔模铸造。熔模铸造又称"失蜡铸造"，通常是在蜡模表面涂上数层耐火材料，待其硬化干燥后，将其中的蜡模熔去而制成型壳，再经过焙烧，然后进行浇铸，从而获得铸件。由于获得的铸件具有较高的尺寸精度和表面粗糙度，故又称"熔模精密铸造"（图 2-71、图 2-72）。

熔模铸造的特点及应用：熔模铸造没有分型面，型壳内表面光洁、耐火度高，可以生产尺寸精度高和表面质量好的铸件。熔模铸造可以铸出各种合金铸件，尤其适合于铸造高熔点、难切削加工和用别的加工方法难以成型的合金。

优点：尺寸精度和几何精度高；表面粗糙度好；能够铸造外形复杂的铸件，且铸造的合金不受限制。

缺点：工序繁杂，费用较高。

图 2-71　熔模铸造产品

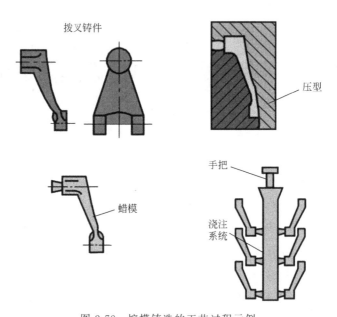

图 2-72　熔模铸造的工艺过程示例

应用：适用于生产形状复杂、精度要求高或很难进行其他加工的小型零件，如涡轮发动机的叶片等。

② 离心铸造。离心铸造的第一个专利是在 1809 年由英国人爱尔恰尔特（Erchardt）提出的，直到 20 世纪初才开始被采用。它是将金属液浇入旋转的铸型中，在离心力作用下填充铸型而凝固成型的一种铸造方法（图 2-73）。

图 2-73 离心铸造生产的产品

图 2-74 立式离心铸造

a. 立式离心铸造。铸型绕垂直轴旋转。铸件内表面呈抛物线形。用来铸造高度小于直径的盘、环类或成型铸件（图 2-74）。

b. 卧式离心铸造。铸型绕水平轴旋转，铸件壁厚均匀，应用广泛，主要用来生产圆环类铸件，也用于浇注成型铸件（图 2-75）。

优点：几乎不存在浇注系统和冒口系统的金属消耗，提高工艺出品率；生产中空铸件时可不用型芯，故在生产长管形铸件时可大幅度地改善金属充型能力；铸件致密度高，气孔、夹渣等缺陷少，力学性能高；便于制造筒、套类复合金属铸件。

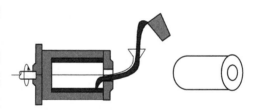

图 2-75 卧式离心铸造示意

缺点：用于生产异型铸件时有一定的局限性；铸件内孔直径不准确，内孔表面比较粗糙，质量较差，加工余量大；铸件易产生比重偏析。

应用：离心铸造最早用于生产铸管，国内外在冶金、矿山、交通、排灌机械、航空、国防、汽车等行业中均采用离心铸造工艺，来生产钢、铁及非铁碳合金铸件，其中尤以离心铸铁管、内燃机缸套和轴套等铸件的生产最为普遍。

③ 金属型铸造。又称硬模铸造，是将液体金属浇入金属铸型，从而获得铸件的一种铸造方法。铸型用金属制成，可以反复使用多次（几百次到几千次），因此有人又称它为永久型铸造。模具为铸铁（1145～1250℃）；浇铸金属为锡（231.89℃）、锌（419.5℃）、镁（648.8℃）等低熔点合金。金属型铸造方法主要用于熔点较低的有色金属或合金铸件的大批量生产。黑色金属类铸件只限于形状简单的中小零件，如图 2-76。

优点：金属型的热导率和热容量大，冷却速度快，铸件组织致密，力学性能

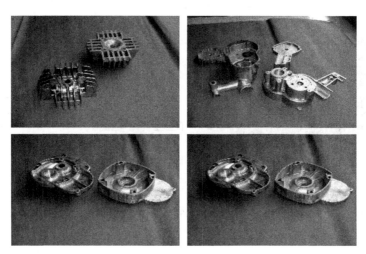

图 2-76　金属型铸造产品

比砂型铸件高 15％左右；能获得较高尺寸精度和较好表面粗糙度的铸件，并且质量稳定性好；因不用和很少用砂芯，改善环境、减少粉尘和有害气体排放、降低劳动强度。

缺点：金属型本身无透气性，必须采用一定的措施导出型腔中的空气和砂芯所产生的气体；金属型无退让性，铸件凝固时容易产生裂纹；金属型制造周期较长，成本较高，因此只有在大量生产时，才能显示出好的经济效果。

应用：金属型铸造既适用于大批量生产形状复杂的铝合金、镁合金等非铁合金铸件，也适合于生产钢铁材料铸件、铸锭等。

④ 压力铸造。压力铸造是利用高压使液态或半液态金属以较高的速度充填金属型腔，并在压力下成型和凝固而获得铸件的方法，简称压铸。类似于塑料中的注塑法。它具有液态金属利用率高、工序简化和质量稳定等优点，是一种节能型的、具有潜在应用前景的金属成型技术（图 2-77）。

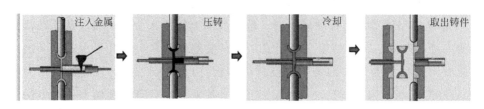

图 2-77　压力铸造

优点：压铸时金属液体承受压力高，流速快；产品质量好，尺寸稳定，互换性好；生产效率高，压铸模使用次数多；适合大批大量生产，经济效益好。

缺点：铸件容易产生细小的气孔和缩松；压铸件塑性低，不宜在冲击载荷及有震动的情况下工作；压铸高熔点合金时，铸型寿命短，影响压铸生产的扩大。

应用：压铸件最先应用在汽车工业和仪表工业，后来逐步扩大到各个行业，如农业机械、机床工业、电子工业、国防工业、计算机、医疗器械、钟表、照相机和日用五金等。

⑤ 消失模铸造。消失模铸造（又称实型铸造）——利用石蜡或泡沫塑料，根据零件结构和尺寸制成实型模具，经浸涂耐火黏结涂料，烘干后进行干砂造型、振动紧实，然后浇入液体金属使模样受热气化消失，从而得到与模样形状一致的铸件的铸造方法。

消失模铸造的工艺过程如图 2-78。

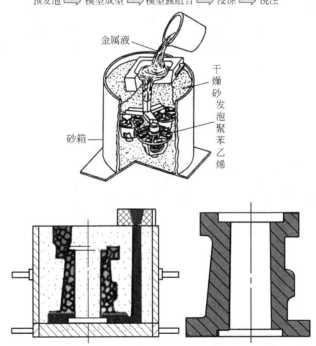

图 2-78　消失模铸造的工艺过程

技术特点：铸件精度高，无砂芯，减少了加工时间；无分型面，设计灵活，自由度高；清洁生产，无污染；降低投资和生产成本。

应用：适合生产结构复杂的各种大小的较精密铸件，合金种类不限，生产批量不限，如灰口铸铁发动机箱体、高锰钢弯管等。

⑥ 陶瓷型铸造。陶瓷型铸造是在砂型熔模铸造的基础上发展起来的一种新工艺。陶瓷型是利用质地较纯、热稳定性较高的耐火材料作造型材料，经灌浆、结胶、起模、焙烧等工序制成的。采用这种铸造方法浇出的铸件，具有较高的尺寸精度和表面光洁度，所以这种方法又叫陶瓷型精密铸造。

陶瓷型的制造方法可分为两大类：一类是全部采用陶瓷浆料制造铸型法，另一类就是采用底套（相当于砂型的背砂层）表面再灌陶瓷浆料制造陶瓷型的方法。底套又分砂套和金属底套两种。

陶瓷型铸造的工艺过程如下（图 2-79）。

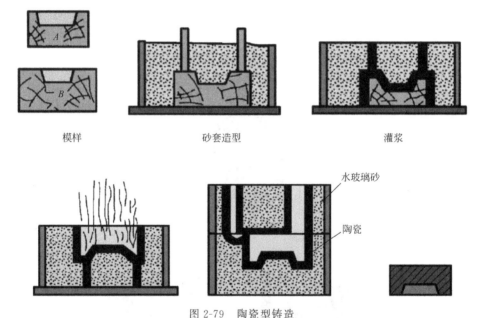

模样　　　　　　　砂套造型　　　　　　　灌浆

图 2-79　陶瓷型铸造

陶瓷型铸造具有以下优点：铸件的表面粗糙度好，尺寸精度高，可以铸出大型精密铸件；熔模铸造虽能铸出尺寸精确、光洁度高的铸件，但由于本身工艺的限制，浇铸的铸件重量一般都较小，最大件只有几十千克，而陶瓷型铸件最大可达十几吨；投资少，投产快，生产准备周期短。

缺点是原材料价格昂贵，由于有灌浆工序，不适于浇铸批量大、重量轻、形状较复杂的铸件，且生产工艺过程难于实现机械化和自动化。

⑦ 低压铸造。是指使液体金属在较低压力（0.02～0.06MPa）作用下充填铸型，并在压力下结晶以形成铸件的方法（图 2-80）。

技术特点：浇铸时的压力和速度可以调节，故可适用于各种不同铸型（如金

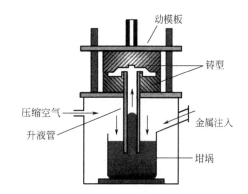

动模板

铸型

压缩空气

升液管

金属注入

坩埚

图 2-80　低压铸造

属型、砂型等）、各种合金及各种大小的铸件；采用底注式充型，金属液充型平稳，无飞溅现象，可避免卷入气体及对型壁和型芯的冲刷，提高了铸件的合格率；铸件在压力下结晶，铸件组织致密、轮廓清晰、表面光洁、力学性能较高，对于大薄壁件的铸造尤为有利；省去补缩冒口，金属利用率提高到 $90\% \sim 98\%$；劳动强度低，劳动条件好，设备简易，易实现机械化和自动化。

应用：以传统产品为主（气缸头、轮毂、气缸架等）。

⑧ 连续铸造。连续铸造是一种先进的铸造方法，其原理是将熔融的金属不断浇入称作结晶器的特殊金属型中，凝固（结壳）了的铸件，连续不断地从结晶器的另一端拉出，它可获得任意长或特定长度的铸件（图 2-81）。

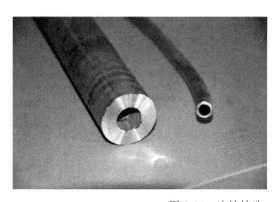

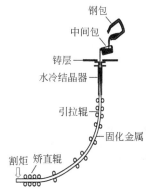

钢包

中间包

铸层

水冷结晶器

引拉辊

固化金属

割炬　矫直辊

图 2-81　连续铸造

技术特点：由于金属被迅速冷却，因此铸件结晶致密、组织均匀、力学性能较好；节约金属，提高了收得率；简化了工序，免除造型及其他工序，因而减轻了劳动强度；所需生产面积也大为减少；连续铸造生产易于实现机械化和自动化，提高了生产效率。

应用：用连续铸造法可以浇铸钢、铁、铜合金、铝合金、镁合金等断面形状不变的长铸件，如铸锭、板坯、棒坯、管子等。

⑨ 真空铸造。通过在压铸过程中抽除压铸模具型腔内的气体而消除或显著减少压铸件内的气孔和溶解气体，从而提高压铸件力学性能和表面质量的先进压铸工艺（图 2-82）。

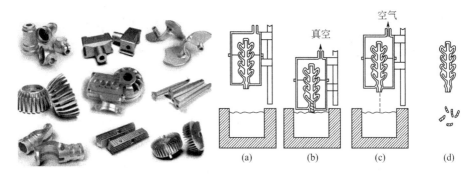

图 2-82 真空铸造

优点：消除或减少压铸件内部的气孔，提高压铸件的力学性能和表面质量，改善镀覆性能；减少型腔的反压力，可使用较低的比压及铸造性能较差的合金，有可能用小机器压铸较大的铸件；改善了充填条件，可压铸薄壁的铸件。

缺点：模具密封结构复杂，制造及安装较困难，因而成本较高；如控制不当，效果就不是很显著。

⑩ 挤压铸造。挤压铸造是使液态或半固态金属在高压下凝固、流动成型，直接获得铸件或毛坯的方法。它具有液态金属利用率高、工序简化和质量稳定等优点，是一种节能型的、具有潜在应用前景的金属成型技术（图 2-83）。

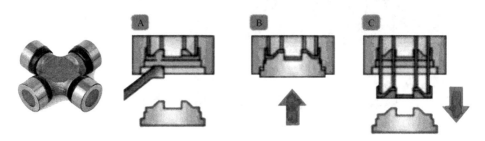

图 2-83 挤压铸造

直接挤压铸造：喷涂料、浇合金、合模、加压、保压、泄压、分模、毛坯脱模、复位。

间接挤压铸造：喷涂料、合模、给料、充型、加压、保压、泄压、分模、毛坯脱模、复位。

技术特点：可消除内部的气孔、缩孔和缩松等缺陷；表面粗糙度好，尺寸精度高；可防止铸造裂纹的产生；便于实现机械化、自动化。

应用：可用于生产各种类型的合金，如铝合金、锌合金、铜合金、球墨铸铁等。

2.4.2 塑性成型

塑性成型就是利用材料的塑性，在工具及模具的外力作用下来加工制件的少切削或无切削的工艺方法。它的种类有很多，主要包括锻造、轧制、挤压、拉拔、冲压等。

（1）锻造

锻造是一种利用锻压机械对金属坯料施加压力，使其产生塑性变形以获得具有一定力学性能、一定形状和尺寸锻件的加工方法。根据成型机理，锻造可分为自由锻造、模锻、碾环（有些资料将辗环作为特殊锻造）、特殊锻造(图 2-84)。

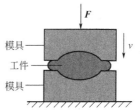

图 2-84 锻造过程示例

① 自由锻造：一般是在锤锻或者水压机上，利用简单的工具将金属锭或者块料锤成所需形状和尺寸的加工方法。

② 模锻：是在模锻锤或者热模锻压力机上利用模具来成型的。

③ 辗环：指通过专用设备辗环机生产不同直径的环形零件，也来生产汽车轮毂、火车车轮等轮形零件。

④ 特殊锻造：包括辊锻、楔横轧、斜轧、径向锻造、液态模锻等锻造方式，这些方式都比较适用于生产某些特殊形状的零件。

工艺流程：锻坯加热→辊锻备坯→模锻成型→切边→冲孔→矫正→中间检验→锻件热处理→清理→矫正→检查。

技术特点：锻件质量比铸件好，能承受大的冲击力作用，塑性、韧性和其他方面的力学性能也都比铸件高甚至比轧件高；节约原材料，还能缩短加工工时；生产效率高；自由锻造适合于单件小批量生产，灵活性比较大。

应用：大型轧钢机的轧辊、人字齿轮、汽轮发电机组的转子、叶轮、护环，巨大的水压机工作缸和立柱，机车轴，汽车和拖拉机的曲轴、连杆等。

（2）轧制

轧制：将金属坯料通过一对旋转轧辊的间隙（各种形状），因受轧辊的压缩成型轧制，使材料截面减小、长度增加的压力加工方法（图 2-85）。按轧件运动分为：纵轧、横轧、斜轧。

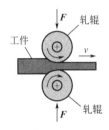

图 2-85　轧制

① 纵轧：金属在两个旋转方向相反的轧辊之间通过，并在其间产生塑性变形的过程。

② 横轧：轧件变形后运动方向与轧辊轴线方向一致。

③ 斜轧：轧件做螺旋运动，轧件与轧辊轴线呈斜角。

应用：主要用于金属材料型材、板、管材等，还有一些非金属材料比如塑料制品及玻璃制品。

（3）挤压

坯料在三向不均匀压应力作用下，从模具的孔口或缝隙挤出，使之横截面积减小、长度增加，成为所需制品的加工方法叫挤压，坯料的这种加工叫挤压成型（图 2-86）。

工艺流程：挤压前准备→铸棒加热→挤压→拉伸扭拧校直→锯切（定尺）→取样检查→人工时效→包装入库。

优点：生产范围广，产品规格、品种多；生产灵活性大，适合小批量生产；产品尺寸精度高，表面质量好；设备投资少，厂房面积小，易实现自动化生产。

缺点：几何废料损失大；金属流动不均匀；挤压速度低，辅助时间长；工具损耗大，成本高。

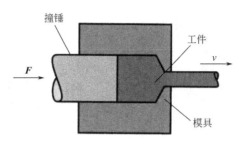

图 2-86 挤压

生产适用范围：主要用于制造长杆、深孔、薄壁、异型断面零件。

（4）拉拔

用外力作用于被拉金属的前端，将金属坯料从小于坯料断面的模孔中拉出，以获得相应的形状和尺寸的制品的一种塑性加工方法（图 2-87）。

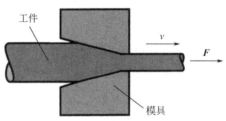

图 2-87 拉拔

优点：尺寸精确，表面光洁；工具、设备简单；连续高速生产断面小的长制品。

缺点：道次变形量与两次退火间的总变形量有限，长度受限制。

生产适用范围：拉拔是金属管材、棒材、型材及线材的主要加工方法。

（5）冲压

冲压是靠压力机和模具对板材、带材、管材和型材等施加外力，使之产生塑性变形或分离，从而获得所需形状和尺寸的工件（冲压件）的成型加工方法（图 2-88）。

技术特点：可得到轻量、高刚性的制品；生产性良好，适合大量生产，成本低；可得到品质均一的制品；材料利用率高，剪切性及回收性良好。

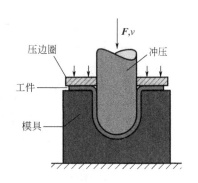

图 2-88　冲压

适用范围：全世界的钢材中，有 $60\% \sim 70\%$ 是板材，其中大部分经过冲压制成成品。汽车的车身、底盘、油箱、散热器片，锅炉的汽包，电机、电器的铁芯硅钢片等都是用冲压加工的。仪器仪表、家用电器、自行车、办公机械、生活器皿等产品中，也有大量冲压件。

2.5　金属切削和表面处理

2.5.1　金属切削加工

金属切削是利用刀具和工件做相对运动，从而除去多余的金属以获得所需几何形状、尺寸精度和表面粗糙度的零件，这种加工方法又称为冷加工。

（1）剪切工艺

剪切工艺就是凸模和凹模之间存在的类似于剪子剪东西一般的行为。

（2）有屑切削

通过去除切削，而使材料分离或者减少。这些工艺能够切削大多数材料，只要切削工具（刀具）比被切削的工件或者材料硬，包括车削、铣削、镗削和刨削、磨削和拉削、钻和锯等。

（3）其他加工

包括放电加工、喷砂（喷丸）加工、高压水加工、氧炔焰切割和等离子切割等。

2.5.2　焊接加工工艺

焊接也称作熔接，是一种以加热、高温或者高压的方式接合金属或其他热塑性材料如塑料的制造工艺及技术（图 2-89）。

图 2-89　焊接

焊接分类如图 2-90。

焊接
　　熔化焊：利用一定的热源,使构件的被连接部位局部熔化成液体,然后再冷却结晶成一体的方法。

　　压力焊：利用摩擦、扩散和加压等物理作用,克服两个连接表面的平面度,除去氧化膜及其他污染物,是两个连接表面上的原子相互接近到晶格距离,从而在固态条件下实现连接的方法。

　　钎焊：采用熔点比母材低的材料作钎料,将焊件和钎料加热至高于钎料熔点,但低于母材熔点的温度,利用毛细作用使液态钎料充满接头间隙,熔化钎料润湿母材表面,冷却后结晶形成冶金结合。

图 2-90　焊接分类

2.5.3　表面处理工艺

表面处理技术通过某些物理手段和化学手段赋予材料表面特殊的性能,满足对材料提出的各种要求,所有这些改变材料表面的物理、化学等性质的加工技术统称为表面处理或表面加工。表面处理技术的不断发展,使得一些基体材料表面具有了原来没有的一些特性,极大扩展了材料的应用范围,充分发挥了材料的性能。表面处理的对象非常广泛,从传统工业到现代高科技产业,表面处理技术一直扮演非常重要的角色,例如在太空船、人造卫星等的发展中,表面处理技术都有决定性影响。从以前的金属表面到现在的非金属表面,它使材料更耐腐蚀、更耐磨损、更耐热，使材料的寿命延长，此外还改善了材料表面的光泽和美观度，可以通过科技创新的途径，创造科技附加值。

下面介绍几个常用的金属表面处理方法。

（1）表面蚀刻肌理工艺

金属蚀刻（etching）是使用化学反应或物理撞击作用而将材料移除的技术（图 2-91）。

图 2-91 金属蚀刻

铝合金蚀刻装饰通过将材料表面腐蚀出具有凹凸立体感的装饰图案或文字，可以灵活地呈现高低不同的弯曲度或弧度。这种工艺不易变形，十分适用于个性化产品雕刻印刷处理，比如苹果公司就曾推出可以在 iPad 铝合金背板表面为用户定制文字服务。

（2）表面精加工肌理工艺

金属通过表面抛光、喷砂、拉丝、压纹等精加工可以使产品外观得到更丰富的肌理效果。

① 抛光。抛光是以得到光滑表面或镜面光泽为目的，有时也用以消除光泽（消光）。抛光后的铝在很宽波长范围内具有优良的反射性，因而具有各种装饰用途及反射功能性用途。它的自然表面状态具有宜人的外观。它柔软、有光泽，而且为了美观，还可着色或染上纹理图案（图 2-92）。

压铸铝合金成型的座椅面和靠背表面经过抛光处理，使其获得高亮而持久的光泽，与椅腿的木材材质形成强烈的对比效果。优美的曲面造型可以获得舒适的使用感受，同时高抛光的表面形成柔和的光泽线条，使得产品呈现出十分活泼、精巧的视觉效果。

图 2-92 抛光

② 喷砂。在金属的铭牌中常常使用喷砂进行表面处理。在金属表面喷砂会得到一种相对柔和的表面光洁度，使工件表面的力学性能得到改善，常常作为浮雕图形的背景装饰（图 2-93）。

雷柏 A600 便携音箱细致磨砂的铝合金外壳包围着白色箱体，好似一层轻烟薄雾萦绕在 A600 四周，使得产品整体散发出一种安静而坚定的清雅气质。

喷砂常用于玻璃、金属的表面处理，总的来说，喷砂处理是一种相对彻底、通用、迅速、高效率的清理方法（图 2-94）。

③ 拉丝。拉丝工艺，可以清晰显现每一根细微丝痕，从而使金属在哑光中泛出细密的拉丝光泽，产品兼备时尚和科技感。常

图 2-93 喷砂

图 2-94 喷砂应用

见的铝合金表面拉丝效果可分为直纹拉丝、乱纹拉丝以及旋纹拉丝等，图 2-95

为金属表面不同的拉丝效果。

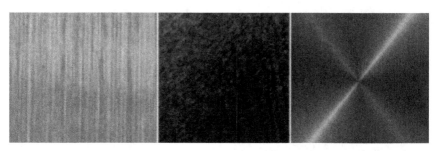

图 2-95　拉丝

④ 压纹。通过压制工艺在金属材质产品表面得到需要的纹理（图 2-96）。

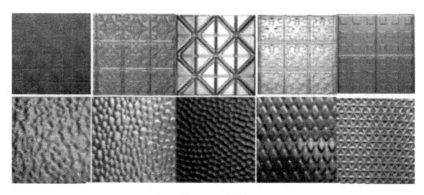

图 2-96　压纹

⑤ 水转印。随着人们对产品包装与装饰要求的提高，水转印的用途越来越广泛。其间接印刷的原理及完美的印刷效果解决了许多产品表面装饰的难题，主要用于各种形状比较复杂的产品表面图文转印（图 2-97）。

水转印是一种利用水做溶解媒介将带彩色图案的转印纸/转印膜进行图文转移的印刷方式，又分为水标转印与水披覆转印（曲面披覆）两种，水标转印主要用于文字与写真图案的转印，水披覆转印则主要用于在整个物体表面进行完整的转印。目前水转印特点：可转印材料广泛，各种形状、尺寸可以对应，五彩缤纷的效果表现，可以不要专用模具，后处理简单化。

目前水转印技术广泛应用于汽车内外饰、家电、生活用品等各个领域，朝着环保、立体、高清、触感真实的方向发展。

⑥ 烫印工艺。烫印俗称"烫金"，烫印的实质是转印，是把烫金纸上面的图案通过热和压力的作用转移到承印物上面的工艺过程（图 2-98）。这种装饰抗刮擦、耐磨、耐剥落。

图 2-97 水转印

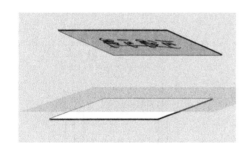

图 2-98 烫印工艺

图 2-99 激光工艺

⑦ 激光工艺。激光雕刻是以数控技术为基础，以激光为加工媒介，使得金属材料在激光照射下瞬间熔化和气化，从而达到加工的目的（图 2-99）。通过激光雕刻机，可将矢量化图文轻松地"打印"到所加工的基材上。主要优势有：高精度、高效率、环保节能、可特殊加工。

（3） 表面着色工艺

① 蒸发硬化（沉积）。与浴室水蒸气覆盖在浴室镜子上的原理相同，通常是铝蒸发覆盖到对象表面上（图 2-100）。PVD 过程中，对象是阴极，金属原材料是阳离子。被覆盖的表面必须清洁。常用的金属原材料主要有铝、铜、镍、锌等。用于汽车装饰、家用电器、厨具、门窗、浴室用品、印刷版。

② 电镀。电镀是通过电解方法在固体表面上获得金属沉积层的过程。将待镀的工件和直流电源负极相连，将电镀金属和直流电源正极相连，然后把它们一起放入盛有镀膜的金属离子盐溶液的镀槽中，当工件和电镀金属间通入直流电流时，镀液中的金属离子转向阴极，在阴极金属离子得到电子产生还原反应，沉积

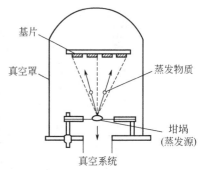

图 2-100　蒸发硬化

在工件表面上。作为阳极的电镀金属逐渐溶解，不断补充溶液中的金属离子，使得电镀继续下去。如图 2-101。

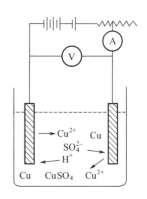

图 2-101　电镀

电镀起源于餐具的镀金和镀银，后来用镍或铬电镀器皿形成光亮持久的表面。几乎所有金属都可以电镀。

③ 化学镀。化学镀就是将一种金属置于含有另一种金属离子的溶液中，此工艺依赖于电位的不同。来自溶液的金属离子通过金属盐溶液中离子的化学反应使其能沉积在对象表面，在镍化学镀（最常用的商业化工艺）中，盐溶液是氯化镍，还原剂是磷酸钠，一旦化学反应持续，镀层厚度不受限制。在复杂的内部表面，对镀层和对象的尺寸要求严格时，化学镀比电镀适用。

④ 阳极氧化。铝及其合金经过阳极氧化而得到的新鲜的氧化膜具有强烈的吸附能力，可以经过一定的工艺处理使其着上各种鲜艳的色彩，这既可以美化铝制品的表面，又增加了氧化膜的抗腐蚀能力。

根据着色物质和色素在氧化膜中分布的不同，可分为自然发色法、电解着色法和染色法三类。其中自然发色法是在阳极氧化电解的同时，使得氧化膜获得颜色；而着色和染色则是在制得阳极氧化膜后再进行上色。

a. 自然发色法。铝合金自然发色可获得颜色范围：浅青铜色→深青铜色→黑色。广泛应用于户外建筑、工艺美术、医疗器材等方面的铝制品表面精饰。

b. 电解着色法。铝合金电解着色法按色调分类有：青铜色系、棕色系、灰色系，还有红、绿、蓝等原色调（表2-2）。

表 2-2　不同种类的金属盐类电解着色

电解着色的金属盐类	电解着色阳极氧化膜的颜色	电解着色的金属盐类	电解着色阳极氧化膜的颜色
Ni 盐	黄色、青铜色、黑色	Se 盐	红色
Co 盐	黄色、青铜色、黑色	Cr 盐	绿色
Cu 盐	茶色、青铜色、红褐色、黑色	Ba 盐、Ca 盐	不透明色
Sn 盐	茶色、青铜色、黑色	Mo 盐、W 盐	黄色、蓝色
Pb 盐、Ca 盐、Zn 盐	青铜色系	Cu、Sn 混合盐	颜色类似 Sn 盐、Cu 盐，但是随电压变化
Ag 盐	绿色	15% 硫酸 + $CuSO_4$	绿色
Au 盐	紫色	15% 硫酸 + $CuSO_4$	绿色、蓝色、紫色、黄色
SeO_3 盐	浅金色	硫酸 + $NiSO_4$	绿色、蓝色、紫色、黄色
TeO_3 盐	浅青铜色	氰化亚铁	蓝色
Mn 盐	金黄色、浅青铜色		

c. 染色法。染色法通常采用有机染料和无机颜料。有机染料又分为水溶性染料和油溶性染料。有机染料染色，操作简便、染色均匀，几乎可以染出任意颜色。可以采用印刷和多重染色技术，在同一铝合金表面染出多种颜色和花纹，颜色鲜艳，装饰性极强。但由于有机染料存在分解褪色、耐晒差的问题，所以多用于室内装饰。无机颜料染色，颜色的稳定性高、不易褪色，能经受阳光的长期暴晒。

⑤ 涂装。涂料是一种有机高分子胶体混合液体或者固体粉末，涂覆于铝合金材质表面，通过物理或化学变化形成一层坚韧薄膜，附着于铝合金材料表面，具有保护、装饰及其他功能作用。

· 习　题 ·

习题 2-1　若想将金属表面加工成平滑效果可采用何种加工工艺并举例说明。

习题 2-2　智能手机壳体外观制作的金属材料主要有哪些以及运用的工艺是什么？

习题 2-3　简述不锈钢餐具在使用过程需要注意的问题。

微信扫码立领
☆配套思考题及答案
☆工业产品彩图展示
☆读者学习资料包
☆读者答疑与交流

木材是人类最早接触的天然材料，古人类会使用木棍挖根、用木棒猎杀动物、用树枝搭建成临时住所，人们也用木材制作木船。随着时代的变迁，手工业发展到一定程度，人们开始加工木料。在金属锯出现之后，长木板生产及准确切割变得容易。带有榫卯结构的木材广泛用于建筑和家具当中。古代的榫卯不能见钉，很少用胶，显得木结构既美观又牢固，极富科学性。

随着近代人口的增长，材料消耗发生明显的变化，由于林木消耗巨大，木材使用逐渐转向胶合板、刨花板、密度板等木质复合产品材料的使用，或者使用混凝土、金属等材料替代木材作为枕木、建筑、船舶的主要用材，但是木材的天然纹理、花色依然受到市场的青睐，仍然广泛用到木建筑、木家具和木制产品中。

木材按照材料分类属于生物材料，如果把生物材料重要性进行排名，无论是从总量、整体重要性还是不可或缺性来讲，木材都是最重要的生物质材料。其次是谷物秸秆，由于在农村地区这是一种主要燃料，因而大多数要么被当场焚烧，要么进行循环再利用，或者作为饲料或动物的窝棚垫料，极少数应用到建筑材料中。植物纤维是第三大类，兽皮、动物毛、蚕丝、虫胶、树胶紧随其后。

3.1 木材概述

3.1.1 木材的形成与分类

（1）木材的形成

树木由树干、树冠、树根三大部分组成（图 3-1）。

① 树冠。树冠由树枝和树叶组成，功能是将树根吸收的水分和矿物质等养分和树叶吸收的二氧化碳，通过光合作用制成碳水化合物。每年废弃树枝和树叶的数量巨大，以往对这些废弃树枝和树叶的处理是焚烧和填埋，这样做不仅浪费

资源而且污染环境，目前常用的处理方法，是将树枝破碎后应用到人造板制造、造纸或生物能源燃料中，或者是用树枝、落叶、草末等制作有机堆肥。树木的落叶不能用来制作板，回收的落叶一般是作为有机堆肥或沼气发电用。

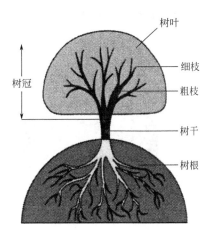

图 3-1　树木的组成

② 树根。树根是树木的地下部分，功能是吸收水分和矿物质，将树木固定于土壤中。树根资源可以缓解木料紧缺的矛盾，并且其独特的自然形态和化学成分可以增加树根的应用价值。第一，大型树根可加工成菜墩、床料、洗衣板等。第二，不少树根可以提取化工原料，作为化妆品、油漆、染料和添加剂等。第三，树根的自然形态可以通过人工整理、磨锯加工成精致的人物、动物、拐杖或其他工艺品。第四，大部分树根可以入药。第五，树根的油脂含量较高，可以用作染料和润滑剂。第六，树根可以加工成纤维，可用于纺织、造纸和人造板行业。

图 3-2　树干

③ 树干。树干是树木的主体，功能是一方面将树根吸收的养分由边材运送到树叶，另一方面把叶子制造的养料沿韧皮部输送到树木的各个部分，并与树根共同支撑整个树木。房屋、家具及装饰所用的木材主要是从树干中提取出来的。树干部分可以储存水分，它的含水量约为 50%，就像海绵吸水一样。树干靠近树根的部分叫根部，靠近树冠部分是梢部。因为树木是直立生长的，靠近顶部的梢部年轻，比较松散；而根部年老，比较细密，木材较硬，如图 3-2。

把树干横切来看，就能够看到年轮的部分（图 3-3）。最外面的是树皮，树皮保护树木不受虫害、火灾、细菌的侵扰。靠近树皮的部分叫韧皮部，也可以叫做内皮，只占外围一小圈面积，韧皮部的功能是输送植物形成层细胞所需的糖分。形成层是木质部与韧皮部新生细胞的来源，在茎部内最重要，因为新生细胞不断分裂，使树木横向生长，如果这层细胞坏死，树木就无法再新生细胞，茎部也无法再成长变粗，树木将会走向死亡。木质部则是占最大部分的组织，是我们主要利用木材的地方。

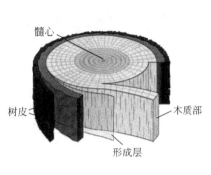

图 3-3　树干横切面

a. 木质部：分为边材和心材，图 3-3 中木质部边材是浅色部分，心材是深色部分。边材主，要是由形成层产生的木材细胞构成，这些细胞会逐渐死去，未死去的细胞就是边材，它主要运送无机盐和水分，这部分木材比较松软，常被虫蛀；而死去的细胞基本没有养分，而且非常坚硬，就是深色的部分，通常木材加工利用得最多的部分就是心材。有的木材心材和边材颜色区分不明显。次生木质部来源于形成层的逐年分裂，占绝大部分，是木材的主体，加工利用的木材就是这一部分。

b. 形成层：包裹整个树干、枝、根的一个连续的鞘状层，又称侧向分生组织，分生功能在于直径的加大。

c. 树皮：包裹在树干、枝、根次生木质部外侧的全部组织，随着木质部在直径方向上的不断生长，外皮逐渐破裂而剥落，方式因树种而异，如桦木呈薄纸状剥落。

d. 髓心：髓心是横切面圆心的部分，木材由于是从圆心往外生长，因此髓心也是木材最老的部分，容易腐烂、裂开，在制材时，髓心这部分通常去掉。

（2）木材的分类

① 按树种分类。按树种分，可将木材分为针叶材和阔叶材，如表 3-1 所示。近些年人们砍伐树木生产木材或制造纸浆，而且现代化的大型木材加工业更喜欢标准化木材，致使针叶材（软木，主要是松树、云杉、冷杉）和阔叶材（硬木，主要是白蜡树、桉树、杨树）成为主要消耗木材。

阔叶材的导管在横切面上呈孔状，称为管孔。导管是阔叶材的轴向输导组织，在纵切面上呈沟槽状。有无管孔是区别阔叶材和针叶材的首要特征。针叶材没有导管，肉眼下横切面上看不到孔状结构，故称为无孔材。阔叶材具有明显的管孔，称为有孔材。阔叶材通常比较硬，如榉木、樟木、楠木、水曲柳、杨木、枫木、橡木、胡桃木、樱桃木、桃花心木、白蜡木、椴木、桦木、山核桃木、梧桐等。阔叶树种的结构比针叶树种的结构更复杂，因此生长速度通常要慢得多。阔叶材可用于各种物体，但最常见于家具或乐器，因为它们的密度大，增加了耐用性，且较美观。

表 3-1　针叶材和阔叶材

种类	特点	用途	树种
针叶材	树叶细长,成针状,多为常绿树;纹理顺直,木质较软,强度较高,表观密度小,耐腐蚀性较强,胀缩变形小	是建筑工程中主要使用的树种,多用作承重构件、门窗等	松树、杉树、柏树等
阔叶材	树叶宽大,叶脉呈网状,大多为落叶树;木质较硬,加工较难;表观密度大,胀缩变形大	常用作内部装饰、次要的承重构件和胶合板等	榆树、桦树、水曲柳、椴树、杨树等

针叶材通常比较软，比较抗潮湿，通常做门窗、家具柜门等。有些树木含有树脂，具有香气，抗虫咬。针叶树生长环境比较寒冷，冬天细胞分裂速度相对阔叶树慢，生长不需要树叶提供太多的能量，也不需要太多的光合作用，因此树枝分支较少，树木向上生长的细胞因为顶端优势而直立生长，因此针叶树高大直立。另外针叶会让水分流失更少，因此木材比较潮湿，内部水分较多，当木材干燥之后，水分蒸发，里面空腔比较多，显得木材比较松软，因此针叶材也叫软材。

② 按材种分类。按材种分，木材分为原木和锯材。

3.1.2　木材的宏观特征

（1）木材的三切面

由于木材构造的不均匀性，研究木材的性能时必须从各个方向观察其构造。观察和研究木材通常从三个典型切面上进行，如图 3-4 所示，分别是横切面、径切面和弦切面。木材的构造基本上都能从这三个切面上反映出来。

① 横切面（端面）。横切面是指与树干纵轴或木纹方向相垂直的切面。在横切面上，生长轮呈同心圆环状，木射线呈辐射线状。管孔、树脂道、轴向薄壁组织的分布及各种细胞组织间的联系能清楚地反映出来。

② 径切面（径面）。径切面是指与树干纵轴或木纹方向相平行的，或与树干半径（木射线）方向相平行的纵切面。在径切面上，生长轮呈平行竖线状，木射线呈片状并且与生长轮相互垂直。

③ 弦切面（弦面）。弦切面是指与树干纵轴或木纹方向相平行的，并与树干半径（木射线）方向相垂直或与生长轮相平行的纵切面。在弦切面上，生长轮呈抛物线状，木射线呈纺锤状。

径切面和弦切面由于都是沿纹理方向的切面，所以这两个切面被笼统地称为纵切面（图 3-5）。在三个切面中，就肉眼观察来讲，以横切面为主要切面。

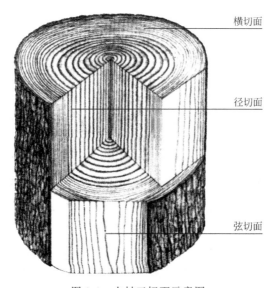

图 3-4　木材三切面示意图

在顺纹条件下，同等重量时，木材拉伸强度大于低碳钢，也有不错的抗压强度，这就是为什么木材可以做木建筑。木材顺纹理都有很好的抗压和拉伸性能，但是在横纹条件下，拉伸抗压都非常弱。它的力学强度是由木材的组成成分决定的。木材细胞壁主要由纤维素、半纤维素和木质素构成，如果用钢筋混凝土描述这些组成，纤维素是钢筋、木质素是混凝土，半纤维素是加入的填料。我们再形象地表达，木质素是黏在头发丝上的泡泡糖，纤维素是头发丝，半纤维素是头皮屑，头发丝像管子一样排列，保证了顺纹的强度。

（2）木材主要宏观特征

① 年轮。由春材和秋材所形成，大部分一条是一年，少数的有一年多条。黑色部分是秋材（晚材），宽的叫春材（早材），春材＋秋材＝一年。秋材比较深

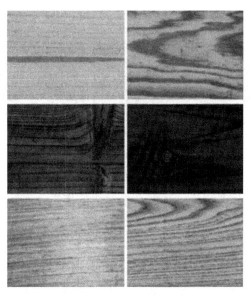

图 3-5 径切面（左）和弦切面（右）

是因为天气比较冷，生长速度缓慢（细胞分裂速度缓慢，形成的细胞腔小，木材组织致密，材质硬，材色深），春材比较浅是因为天气温暖（形成层细胞分裂速度快，细胞壁薄，形体较大，材质较疏松，所以颜色较浅）。如图 3-6。

图 3-6 早材和晚材

② 导管。在横切面上呈孔状的部分称为导管或管孔。它主要起运输水分的作用。心材细胞已经死亡，心材的管孔里面存在泡沫状填充物（侵填体），阻止了水分运输。由于侵填体的管孔防水，因此橡木酒塞就是利用橡木心材管孔的侵填体堵住酒防止溢出，如果用边材的部分做酒塞，酒就会从没有侵填体的管孔跑出来。如图 3-7。

③ 木射线。由髓心至树皮水平向外辐射的部分叫木射线（也叫髓线），它由横向细胞组成，主要起横向输导和贮藏养分的作用。绝大部分木材都有木射线，只有明显和不明显的区别，因为有的木射线比较细。木质部负责运输水分，韧皮

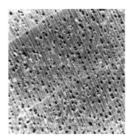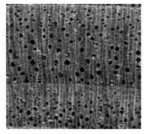

图 3-7　导管

部负责运输养分，即使是边材老化的细胞也是需要不断地输送养分，这些养分需要有个"静脉注射器"来输送，这就是木射线的作用，实际上木射线就是吊瓶，将韧皮部的养分输送到木质部部分。如图 3-8。

图 3-8　木射线

④ 环孔材、半环孔材和散孔材。阔叶材分为环孔材、半环孔材和散孔材。环孔材导管呈环形排列；半环孔材或半散孔材，有一部分呈环形排列，有一部分不规则排列；散孔材排列没有规则。通常以这个作为区分木材的依据（图 3-9）。

（3）木材次要宏观特征

① 材色。木材是由细胞壁构成的，而构成细胞壁的主体纤维素本身

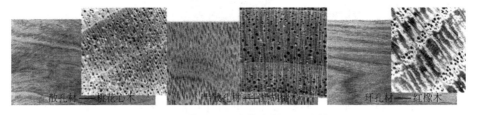

散孔材——桃花心木　　　半散孔材——胡桃楸木　　　环孔材——红橡木

图 3-9　散孔材、半散孔材和环孔材

是无色、无味的物质，只是由于色素、鞣质、树脂和树胶等内含物沉积于木材细胞腔，并渗透到细胞壁中，使木材呈现出各种颜色。例如，松木为鹅黄色至略带红褐色，紫杉为紫红色，桧木为鲜红色略带褐色，楝木为浅红褐色，香椿为鲜红褐色，漆木为黄绿色，刺槐为黄色至黄褐色，云杉、杨木为白色至黄白色等。这些颜色反映了树种的特征，是木材识别和木材利用的重要依据之一。如图 3-10。

图 3-10 木材材色［紫檀（左）、花梨（中）、白橡（右）］

材色深的木材比较耐腐，材色浅的木材容易腐朽，但用于造纸效果较好。产生木材中各种颜色的色素能够溶解于水或有机溶剂中，通过处理可从中提取各种颜色的染料，用于纺织或其他化学工业，增加其利用价值。在现代建筑和室内装饰中，根据各种树种悦目的材色对人类视觉产生的优良观感效果，直接用于室内装饰和制作工艺美术品及家具，可产生良好的装饰效果。一些经脱色、漂白处理的木材，可用于造纸等轻工业。还有一些经染色的木材，又可加工成人造红木、人造乌木等特殊用材。

② 木材的气味和滋味。由于木材中含有各种挥发性油、树脂、树胶、芳香油及其他物质，所以随树种的不同，产生了各种不同的味道，特别是新砍伐的木材较浓。如松木含有清香的松脂气味，柏木、侧柏、圆柏等有柏木香气，雪松有辛辣气味，杨木具有青草味，椴木有腻子气味。我国海南岛的降香木和印度的黄檀具有名贵香气，因为这些木材中含有黄檀素，宗教人士常用此种木材制成小木条作为佛香。檀香木具有馥郁的香味，可用来气熏物品或制成散发香气的工艺美术品，如檀香扇。

此外，樟科的一些木材具有特殊的樟脑气味，因它含有樟脑油，用这种木材制作的衣箱，耐菌蚀、抗虫蛀，可长期保存衣物。还有些树种有酸臭味等。

③ 木材的纹理与花纹。木材纹理是指构成木材主要细胞（纤维、导管、管胞等）的排列方向反映到木材外观上的特征。根据木材纹理方向，通常分为三种情况：排列方向与树干基本平行的叫直纹理，如红松、杉木和榆木等，这类木材强度高、易加工，但花纹简单；排列方向与树干不平行，呈一定角度的倾斜叫斜纹理，如圆柏、枫香和香樟等；排列方向错乱，左螺旋纹理与右螺旋纹理分层交错缠绕的叫交错纹理，如海棠木、大叶桉和母生等。交错纹理和斜纹理木材会降低木材的强度，也不易加工，刨削面不光滑，容易起毛刺。但这些纹理不规则的木材能够刨切出美丽的花纹，主要用在木制品装饰工艺上，用它做细木工制品的贴面、镶边，涂上清漆，可保持本来的花纹和材色。如图 3-11。

木材的花纹是指木材表面因年轮、木射线、轴向薄壁组织、木节、树瘤、纹理、材色以及锯切方向不同等而产生的种种美丽的图案。有花纹的木材可做各种

杉木（直纹理）　　　　桉木（斜纹理）　　　　黄花梨（交错纹理）

图 3-11　直纹理、斜纹理、交错纹理

装饰材，使木制品美观华丽，使木材可以劣材优用。不同树种木材的花纹不同，对识别木材有一定的帮助。例如：由于年轮内早晚材管孔的大小不同或材色不同，在木材的弦切面上形成抛物线花纹，如酸枣、山槐等；由于宽木射线斑纹受反射光的影响在弦切面上形成银光花纹，如栎木、水青冈等；原木局部的凹陷形成近似鸟眼的圆锥形，称为鸟眼花纹，如鸟眼枫木，常被刨切形成不规则花纹，用于汽车内饰、小提琴背板；由于树木的休眠芽受伤或其他原因不再发育，或由病菌寄生在树干上形成纹理曲折交织的圆球形凸出物，称为树瘤花纹，如桦木、桃木、柳木、悬铃木和榆木等；由于木材细胞排列相互成一定角度，形成近似鱼骨状的鱼骨花纹；由具有波浪状或皱状的斑纹形成的虎皮花纹，如槭木等；由于木材中的色素物质分布不均匀，在木材上形成许多颜色不同的带状花纹，如香樟等。如图 3-12。

图 3-12　木材的花纹

3.1.3　木材的物理性能

（1）木材的密度

木材中水分含量的变化会引起重量和体积的变化，使木材密度值发生变化。根据木材在生产、加工过程中不同阶段的含水特点，木材密度分为以下四种：

$$生材密度 = \frac{生材重量}{生材体积} \quad 气干密度 = \frac{气干材重量}{气干材体积}$$

$$绝干密度 = \frac{绝干材重量}{绝干材体积} \quad 基本密度 = \frac{绝干材重量}{饱和水分材体积}$$

最常用的是气干密度和基本密度。在运输和建筑上，一般采用生材密度。而在比较不同树种的材性时，则使用基本密度。实际中常以含水率为12%时的密度作比较。木材是一种多孔性物质，计算木材密度时，木材体积包含了其空陷的体积。木材的密度除极少数树种外，通常小于$1g/cm^3$。

（2）木材的水分

① 木材中水分存在的状态。化合水：存在于木材的化学成分中，与组成木材的化学成分呈牢固的化学结合，但数量甚微（<0.5%）。只在对木材进行化学加工时起作用，故可忽略不计。

自由水：存在于细胞腔和细胞间隙（即大毛细管系统）中的水分。其与木材的结合方式为物理结合，结合并不紧密，故易于从木材中逸出，也容易吸入。影响到木材重量、燃烧性、渗透性和耐久性，对木材体积稳定性及力学、电学等性质无影响。

吸着水：以吸附状态存在于细胞壁微毛细管中的水，即细胞壁微纤丝之间的水分。木材中吸着水含量在树种间差别较小，平均为30%，吸着水不易从木材中逸出，只有当自由水蒸发殆尽时方可由木材中蒸发。吸着水数量的变化对木材物理性质和木材加工性质的影响甚大。

② 木材含水率。木材中所含水分的数量，即以水分质量占木材质量的比例表示。

根据基准的不同，分为绝对含水率和相对含水率两种。

绝对含水率（简称含水率）即水分重量占木材绝干重量的比例，一般在木材加工工业中采用。

$$M_绝 = \frac{G - G_0}{G_0} \times 100\%$$

相对含水率是水分重量占含水试材的重量的比例，在造纸和纸浆工业中比较常用。

$$M_相 = \frac{G - G_0}{G} \times 100\%$$

式中，G 是含水木材的重量，g；G_0 是试材的绝干重量，g。

（3）木材的干缩性和可燃性

木材的吸湿性：木材在空气中吸收水分或蒸发水分的能力。组成木材的细胞壁物质，如纤维素、半纤维素等化学成分中含有许多游离羟基，它们在一定温湿度下具有很强的吸湿能力。另外木材内含有大量毛细管：一类由相互连通的细胞腔及细胞间隙组成，对水分的束缚力较小甚至没有，称作大毛细管系统，内部水分为自由水；另一类由相互连通的细胞壁内微毛细管构成，对水分子有较大的束缚力，称作微毛细管系统，内部水分为吸着水。

毛细管对水分的束缚力与毛细管的半径有关，半径越小，水分在毛细管的表面张力越大，毛细管对水分的束缚力越大。而且微毛细管中的吸着水与木材细胞壁呈物理化学结合，因此微毛细管系统既能向空气中蒸发水分，又能从空气中吸着水分。

木材加工时，应保证木材含水率与当地情况适应，因为外界含水率变化都会使木材发生干缩湿胀。如果是家具，家具干的时候，就会发生尺寸收缩，晚上会出现奇怪的响声。因此必须要让木材的含水率和当地的含水率相适应，一般低于平衡含水率的2%。譬如浙江年平均的平衡含水率是15%，可将木材含水率干燥到13%，因为木材干缩容易，湿涨有一定滞后性，因此木材干一点可以，但是不能湿一点，如果是地板和木门一般要预留伸缩缝。有时在家具台面开裂或拼板处使用蝴蝶榫（银锭榫），以防止家具发生干缩开裂（图3-13）。

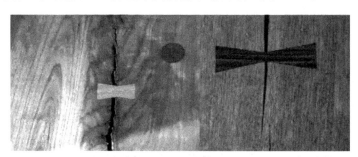

图3-13　蝴蝶榫

木材加热至200℃左右时会急速减低重量，同时会产生可燃性气体，在300℃左右时会产生热能，在此阶段接近火口时会引发火焰，因此被称为引火点。日本的防火试验是以260℃作为火灾危险程度在防火工学上的评价判断基准，若持续加热，到达500℃时会自然发火，燃烧后变成残留灰分，但是在缺乏氧气状态下进行加热时，会发生无氧化发热的热分解，形成木炭。

（4）木材的导热性和隔热性

木材是多孔性物质，其空隙中充满了空气。由于空气的热导率小，所以一般说来，木材是属于隔热材料。木材的含水率表示木材空隙中的空气被水分替代的程度。因此，木材的热导率随着含水率的增高而增大。实验证明，含水率对其导热性的影响明显，木材含水率越低，导热性越小。木材的低导热性是木材适宜作家具用材的特殊属性。

比如说干木材，木头中有许多细孔，含有空气，而气体是热的不良导体，所以木头传热不好。在节能方面，作为一种天然的隔热材料，在同样厚度的条件下木结构的保温性能是钢材的400倍，铝材的1600倍，混凝土的16倍。150mm厚的木结构墙体，其保温性能相当于610mm厚的砖墙。设计隔热的产品时可采用木材。

（5）木材的导电性

木材的导电性很小，在一般电压下，木材在全干状态或含水率极低时，基本可以看作是电的绝缘体。木材的导电性随着含水率的变化而变化。含水率增大，电阻变小，导电性增加；反之，含水率减少，电阻变大，导电性减小。由于木材导电性很小，所以常被用来做电器工具的手柄、电工接线板等。

（6）木材的传声特性

木材具有传声性能，材质均匀、纹理通直的木材具有良好的声学品质，如云杉、泡桐、槭木等。声学性能好的木材具有优良的声音特性和振动频谱特性，能够在冲击力作用下，由本身的振动辐射声能，发出优美音色的乐音，并将弦振动的振幅扩大并美化其音色，向空间辐射声能，这种特性是木材广泛用于乐器制作的依据。古人就学会了利用木材的声学特征，制造各种乐器。古代乐器中的木鱼、木梆、云板、三弦、月琴、琵琶等，都是用木材制作的。就是现代乐器中的钢琴、风琴、小提琴等，离开木材也无法成琴。如图3-14。

图3-14　木制乐器

木材中有很多空隙，成为声音的"跑道"，使声音很快从一个木材细胞传到另一个木材细胞。研究数据表明，声音在空气中每秒只有330.7m，在铜金属中每秒3900m，在松木的顺纹方向，每秒可以达5000m，横纹径向1450m，弦向850m。现实的工作和生活中，经验丰富的技工用木头的一端紧贴发动机，另一端靠住耳朵，类似医生用的听诊器，借助木材传送声音，从而检查发动机是否有故障。

（7） 木材的环境学特性

木材材色、光泽度和纹理等决定了木材具有良好的装饰特性；木材表面的冷暖感、粗滑感、软硬感等决定了木材具有不同的触觉特性；当室内环境的相对湿度发生变化时，具有吸放湿特性的室内装饰材料或家具等可以相应地从环境吸收水分或向环境释放水分，从而起到缓和湿度变化的作用，进而改善人类的居住环境。

（8） 木材的塑性

木材经过加热或施加一定压力之后，可以获得一定的可塑性。通过加热加压可使木材成一定的形状，或者通过加热将弯木变直，也可将直木变弯，如市面上的曲木家具。

3.2 木材产品结构

实木家具接合方式主要有以下几种。

（1） 实木榫接合

指榫头嵌入榫眼（或榫槽）的接合（图 3-15）。榫接合经常用胶加固，以提高强度。

图 3-15　实木榫接合

在古代，家具制作中拒绝使用钉、钮等黏合工具，但是仅仅靠榫卯的接合，家具又失去了其稳固性，所以古代匠师们在制作时也是需要黏合的，只不过与现代家居的化学用胶不同，明清家具的黏合剂是生物胶，就是利用动植物自身的胶质，经人工提炼而成。

① 根据榫头的基本形态分为直角榫（图 3-16）、燕尾榫、圆棒榫、椭圆形榫、齿形榫（图 3-17）。板式家具多用圆棒榫，传统家具采用整体榫接合。

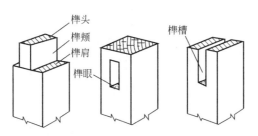

图 3-16　直角榫结构

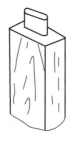

图 3-17　直角榫、燕尾榫、圆棒榫、椭圆形榫、齿形榫

② 根据榫头的数目分为单榫、双榫和多榫三种形式。一般框架的方材接合常采用单榫或双榫,箱框板材的接合则多采用多榫。一般框架的接合、抽屉的转角部接合,常采用多榫。如图 3-18。

③ 根据榫端是否外露分为明榫与暗榫。

④ 根据榫头侧面是否外露分为开口榫、闭口榫,以及介于两者之间的半闭口榫。

常用的榫及其接合方式见图 3-19～图3-22。

(2) 钉接合

钉接合是一种借助于钉与木质材料之

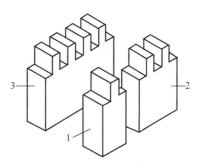

图 3-18　榫头的不同数目

1—单榫;2—双榫;3—多榫

间的摩擦力将接合材料连接在一起的接合方法,常利用圆钉、木螺钉、圆棒榫、钉片、角铁等接合的方式,优点是节省时间及材料,但也破坏木材本身自然的纹理,且在涂装后易遗留钉痕,结构上是较简陋的。钉接合常应用于组合或组成框架结构上,部分桌椅等家具的制作也采用木钉接合。钉接合结构力不亚于榫接接合,且加工过程简单、迅速、成本低廉,目前广为使用,故初学者必须学会正确地使用木钉完成钉接合的工作。各种钉接合材料见图 3-23。

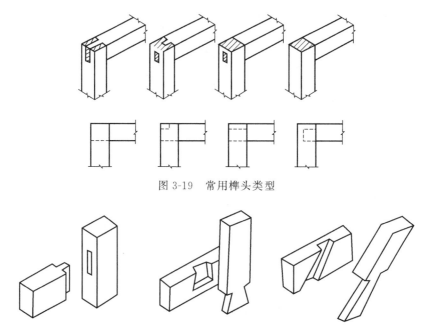

图 3-19　常用榫头类型

图 3-20　暗榫、闭口燕尾榫、斜口燕尾榫

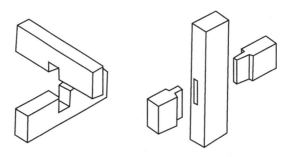

图 3-21　嵌槽十字接合、直角暗榫十字接合

钉接合破坏木质材料，接合强度小，美观性差。当钉子顺木纹方向钉入木材时，其握钉力要比垂直木纹打入时的握钉力低 1/3，因此在实际应用时应尽可能地垂直木材纹理钉入。当刨花板、中密度纤维板采用钉接合时，其握钉力随着容重的增加而提高。当垂直于板面钉入时，刨花或纤维被压缩分开，具有较好的握钉力；当从端部钉入时，由于刨花板、中密度纤维板平面拉伸强度较低，其握钉力很差或不能使用钉接合。

（3）胶接合

胶接合是指家具零部件之间借助于胶层与其相互作用而产生的胶着力，使两

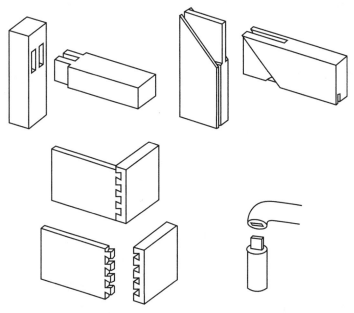

图 3-22　双榫、双肩斜角榫、燕尾榫、烟袋榫

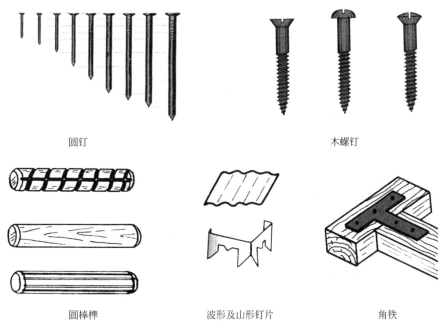

圆钉　　　　　　　　　　　　　　木螺钉

圆棒榫　　　　　　　波形及山形钉片　　　　　　角铁

图 3-23　各种钉接合材料

个或多个零部件胶合在一起的接合方法。胶接合主要是指单独用胶来接合。随着

新胶种的不断涌现，胶接合的适用范围越来越广，如常见的短料接长，窄料拼成宽幅面的板材，覆面板的胶合，弯曲胶合的椅坐板和椅背板、缝纫机台板、收音机木壳的制造等均采用胶合。

① 胶黏剂的类型。按化学组成分为蛋白胶、合成树脂胶和合成橡胶结构型胶，部分胶黏剂类型见图 3-24。

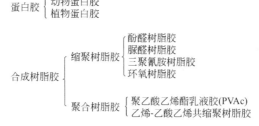

图 3-24　部分胶黏剂类型

按胶液受热后的物态分为热固性胶、热塑性胶和热熔性胶。

按耐水性分为高耐水性胶，如酚醛树脂胶等；耐水性胶，如脲醛树脂胶等；非耐水性胶，如聚乙酸乙烯酯乳液胶等。

② 胶接合常用的胶黏剂。

a. 贴面用胶。目前生产上主要采用热压和冷压两种形式（图 3-25）。

$$
\begin{array}{l}
\text{热压} \left\{
\begin{array}{l}
\text{酚醛树脂胶}\\
\text{脲醛树脂胶}\\
\text{改性聚乙酸乙烯酯乳液胶}\\
\text{脲醛树脂胶与改性聚乙酸乙烯酯乳液胶的混合胶}
\end{array}
\right.\\[4ex]
\text{冷压} \left\{
\begin{array}{l}
\text{聚乙酸乙烯酯乳液胶}\\
\text{改性聚乙酸乙烯酯乳液胶}
\end{array}
\right.
\end{array}
$$

图 3-25　热压和冷压

b. 边部处理用胶。直线、直曲线及软成型封边用热熔性胶以及后成型包边用改性聚乙酸乙烯酯乳液胶和热熔性胶（图 3-26）。

$$
\begin{array}{l}
\text{直线、直曲线及软成型封边用热熔性胶} \left\{
\begin{array}{l}
\text{高温}(160\sim210℃)\text{热熔胶}\\
\text{高温}(120\sim160℃)\text{热熔胶}
\end{array}
\right.\\[3ex]
\text{后成型包边用改性聚乙酸乙烯酯乳液胶}(\text{热压温度}160\sim210℃)\\[2ex]
\text{连续式后成型包边用热熔性胶} \left\{
\begin{array}{l}
\text{高温}(160\sim210℃)\text{热熔胶}\\
\text{高温}(120\sim160℃)\text{热熔胶}
\end{array}
\right.
\end{array}
$$

图 3-26　边部处理用胶

c. 真空模压用胶。主要采用乙烯-乙酸乙烯共缩聚树脂胶或热熔胶。

d. 指接材、实木拼板用胶。常采用聚乙酸乙烯酯乳液胶、改性聚乙酸乙烯酯乳液胶异氰酸酯胶黏剂、脲醛树脂胶与改性的三聚氰胺树脂胶的混合胶黏剂等。

e. 胶合弯曲件用胶。聚乙酸乙烯酯乳液胶、改性聚乙酸乙烯酯乳液胶、脲醛树脂胶、脲醛树脂胶与改性的三聚氰胺树脂胶的混合胶黏剂都可以用于胶合弯曲。特点是单纯依靠接触面间的接合力（接合强度）将零件连接起来，零件胶接面都须为纵向平面。主要用于板式部件的构成和实木部件的拼宽和加厚（图 3-27）。

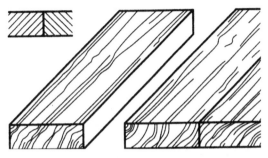

图 3-27　实木部件的拼宽示意图

（4）连接件接合

连接件又称紧固连接件，是指部件之间、板式部件与功能部件之间、板式部件与建筑构件等家具以外的物件之间紧固连接的五金连接件。典型的品种有偏心式连接件、螺旋式连接件、拉挂式连接件、倒刺式连接件。

偏心式连接件由偏心轮与连接杆钩挂形成连接，用于板式部件的连接，是一种全隐蔽式的连接件，安装后不会影响产品外观，可以反复拆装（图 3-28）。

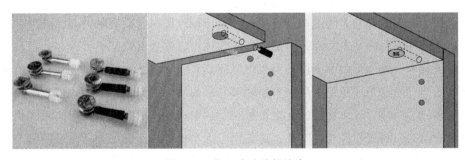

图 3-28　偏心式连接件接合

螺旋式连接件由各种螺栓或螺钉与各种形式螺母配合连接（图 3-29）。圆柱螺母安入预先打好板件的孔中（孔朝螺栓预留孔），螺栓从另一板件穿透拧入圆柱螺母内，实现固定。

图 3-29　螺旋式连接件

3.3　木材的表面处理与装饰

　　木材是传统的设计材料，自古以来就被用于制作家具、工具、生活器具、建筑、船舶等。它是天然材料，天然的纹理和色泽具有很高的美学价值，但也有一些不可避免的缺点。所以，为了获得更高的美学及使用价值，需要对其进行一定的表面处理和装饰。木材的表面处理与装饰主要包括木材的基础处理和木材表面装饰两个主要部分。

　　（1）　木材表面处理与装饰的主要目的

　　木材表面处理与装饰的主要目的一方面是起美化装饰作用，另一方面是起改善保护作用。对于天然木材而言，在未经涂覆装饰时往往表面粗糙不平，由于本身的缺陷，常会出现交色、节疤、虫眼等现象。经过表面处理和涂饰可以使其表面平整，增强天然的木质美感，掩盖自然缺陷。对于人造板材来说，其表面外观质量差，没有木材的天然纹理与光泽，色彩单调，同时也会有如开裂、缝隙、透胶、毛刺等缺陷的产生。经过表面处理和装饰可以掩盖其缺陷，并使其获得良好的外观效果，通过覆贴等手段甚至也可以使其具有优美的木纹或是其他材料的质感。另外，经过处理和装饰后的木材能够具有耐磨、耐潮湿、耐热、耐化学药品污染腐蚀等良好的表面性能。人造板材在经过贴面处理后，还有助于改善和提高板材的强度、刚度和尺寸稳定性。这是由于人造板材经涂饰处理后，可使其与周围的空气隔开，以防止在使用过程中随周围空气湿度、温度等的变化而反复出现干缩湿胀，从而减缓基材的老化，保证产品质量。此外，木材具有天然的美丽色泽，但往往经过一段时间后会出现变色、褪色的情况，表面处理与涂饰有助于木材制品长久地保持其色泽。

（2）木材的基材处理

① 干燥。木材中的水分对其表面装饰具有很大影响，木材含水率高容易造成木材变形、开裂、腐蚀、霉变，而装饰涂层也会出现气泡、开裂和回黏等现象，因此，往往会对木材进行干燥处理。常用的木材干燥方法有大气干燥法、常规室干燥法、真空干燥法、红外干燥法、微波干燥法、高频干燥法、低温除湿干燥法等。

② 去毛刺。木制品表面经刨光或磨光等加工后，仍有一部分木质纤维没有完全脱离而残留于表面，它们会影响木制品表面着色的均匀度，使被覆的涂层留下一些未着色的小白点，因此涂层被覆前一定要去除毛刺，砂磨是去毛刺常用的方法，其他还有水胀法、虫胶法和火燎法等。

③ 清除污物。木制品表面可能存在如胶痕、油迹等污物，可先用砂纸将其磨光，再用棉纱蘸汽油擦洗，若仍然清洗不净时，可用精光短刨将表面刨净。

④ 消除木材内含杂物。大多数针叶树木材中含有松脂。松脂及其分泌物会影响装饰涂层的附着力和颜色的均匀性。例如，在气温较高的情况下，松脂会从木材中溢出，还会造成涂层发黏；木材内含的鞣质着色的染料反应，会使涂层颜色深浅不一。因此在木材涂覆的前处理中，应将木材内含杂物除去。

⑤ 脱色。不少木材含有天然色素，有时需要保留，可起到天然装饰作用。但有时也会对木材进行脱色处理，以使木材颜色变浅或更加均匀，消除污染和色斑，再经过涂饰等工艺可渲染出高雅美观的天然质感，显示出着色的色彩效果。

脱色的方法很多，用漂白剂对木材漂白较为经济并见效快。一般情况下，常在颜色较深的局部表面进行漂白处理，使涂层被覆前木材表面颜色取得一致。常用的漂白剂有双氧水、次氯酸钠和过氧化钠等。

⑥ 染色。木制品一般需要经过染色而使其表面达到纹理优美、颜色均匀的效果。木材的染色通常可分为水色染色和酒色染色两种。水色是染料的水溶液，酒色是染料的醇溶液。配制水色最好用酸性颜料，染色时，水分挥发较慢，染色均匀，使用方便，成本也比较低。它的主要缺点是水使木材起毛，要再通过砂磨等以消除起毛现象。

（3）木材表面装饰

木材的表面装饰方法主要有涂饰、覆贴、机械加工、化学镀等。

① 涂饰。涂饰就是通过涂覆的方法，将涂料涂于木材表面，从而形成具有一定附着力和机械强度的被覆层。通过涂饰可以使涂料的潜在功能转变成为实际

的功能，使工业产品能得到预期的保护和装饰效果，以及某些特殊的效能。

按照基材纹理显示程度不同，涂饰可分为透明涂饰、半透明涂饰和不透明涂饰三类。透明涂饰就是采用透明的涂料涂饰表面，使木材原有的木纹质感得以保留展现，多用于表面质感较好的木材，工艺较复杂，要求高。而不透明和半透明涂饰多用于减轻或掩饰原材料的缺陷，工艺较简单，要求低。

按照形成漆膜的光泽不同，涂饰可分为亮光涂饰和亚光涂饰，其效果主要来自于不同的涂料。亮光涂饰要求基材必须平整光滑，漆膜达到一定厚度，有利于光线反射，往往能够使木制品显得雍容华贵。亚光涂饰的漆膜较薄，自然真实、质朴秀丽而又安详宁静。

常用于涂饰的涂料主要有油性漆、水性漆、硝基漆、聚氨酯漆、不饱和聚酯漆、光敏漆、亚光漆等。常用的涂饰方法有手工涂饰、空气喷涂、无气喷涂、静电喷涂、淋涂、辊涂等。

② 覆贴。覆贴是将饰面材料通过黏合剂粘贴在木制品表面的一种装饰方法，可用于木材及其制品，以用于人造板材表面装饰最为常见。表面覆贴的方法和材料很多，最常用的有单板贴面、纸张贴面和胶膜纸贴面。

a. 单板（或微薄木）贴面。单板贴面或是微薄木贴面是将优质木材（如红木、柚木、桃花心木等）经过旋切、刨切或裂切等方法制成厚度一般为 0.25～0.5mm 的单板，经过干燥、拼接、拼花后再用胶黏剂将其贴在板材上。单板贴面质量好、效果优，可以增加板材强度，但生产机械化程度较低，成本高（图 3-30）。

图 3-30　天然刨切薄木

b. 纸张贴面。纸张贴面就是通过辊压将装饰纸或预制的贴面纸卷粘贴在板材上，其工艺可分为干法和湿法两种。干法辊压贴面采用表面涂漆已干燥且预先浸胶的贴面纸卷，因此在基材表面上不需施胶，工序比较简单。湿法辊压贴面直接采用木纹纸，在基材上要经过辊筒涂胶预干，再将纸贴合于基材上，最后进行表面涂漆。此法操作简单，成本低。纸张贴面对强度没有改进，但能给人造板材增加刚性和尺寸稳定性。贴面材料除装饰纸以外，还可用塑料薄膜、纤维织物等。

c.胶膜纸贴面。胶膜纸（包括装饰板）贴面用作人造板贴面的低压胶膜纸有聚酯树脂、三聚氰胺树脂、鸟粪胺树脂以及邻苯二甲酸二丙烯酯树脂浸渍的装饰花纹纸等，按用途不同有时配以覆盖纸或芯层纸，以热压法粘贴于人造板材表面，加压的方法有平压法和立压法。高压三聚氰胺装饰板贴面，是世界上大量应用的一种人造板材表面装饰方法，它的特点是表面硬度高、耐磨、耐热、耐化学药剂、光稳定性好。

③ 机械加工。对木制品表面进行机械加工就是用切削工具或模具对木材制品表面进行装饰性加工，可以说是传统手工雕花方法的机械化。常用的方法有钻孔、刨槽、铣沟、压纹等。一定距离的平行沟槽，多用于建筑物、船舶、车辆等的表面装饰，起增加表面阴影及隐蔽拼接缝的作用。木材表面钻孔有盲孔、半盲孔、穿孔等形式，可按各种图案花纹排列，以增加美观度；如其孔距按声学驻波原理排列，可以增强吸声效果。此外，还可用铣削或模压方法制成具有立体效果的浮雕图案等。

模压可使木材表面形成立体感，采用与贴面花纹相协调的且具有凹凸层次的模板压制而成，也可在贴面材料上加压沟痕或浮雕图案，以更好地反映木纹的立体感及装饰表面的美感。模压可以在预制贴面材料时进行，也可在贴面材料黏合在基材上以后进行，或者在人造板热压过程中在板坯上加铺覆面材料一次模压完成。模压门板如图3-31所示。

图 3-31　模压门板

但要注意的是，不论何种机械加工方法，在给木制品表面带来美观的同时也会造成某些表面质量下降的情况发生，需要通过其他手段进行再修饰与加工。

④ 化学镀。化学镀是指在没有外加电流的条件下，利用处于同一溶液中的金属盐和还原剂可在具有催化活性的木材基体表面上进行自催化氧化还原反应的原理，在基体表面形成金属或合金镀层的一种表面处理方法。

在木材表面进行化学镀的原理与其他非金属表面的处理原理一致，需预先在木材表面吸附一层催化剂，然后浸入镀液，通过金属离子的还原，使木材表面吸附金属镀层。由于木材的特殊性，不同树种的木材含有不同的抽提物，如挥发油、天然树脂、油脂与脂肪酸等，均会影响木材的化学镀效果；此外，木材的构造也会对镀膜产生影响。所以木材表面的化学镀处理工艺与其他材料的化学镀又有所不同，这些因素在木材化学镀，特别是预处理阶段中必须考虑。

3.4　常用木材在设计中的应用

3.4.1　常用木材

（1）松木

松木色淡黄，节疤多，具有松香味，对大气温度反应快，容易胀大，极难自然风干。所以在使用前往往需要经过加工处理，如烘干、脱脂、漂白等，中和树性使之不易变形。

（2）楠木

楠木中比较著名的品种可分三种：一是香楠，木微紫而带清香，纹理也很美观；二是金丝楠，木纹里有金丝，是楠木中最好的一种，更为难得的是，有的木纹犹如天然山水及人物模样；三是水楠，木质较软，多用其制作家具。楠木的色泽淡雅匀称，伸缩变形小，易加工，耐腐朽，是软性木材中最好的一种。

（3）杉木

杉木材质轻软，易干燥，收缩小，不翘裂，耐久性能好，易加工，切面较粗，易劈裂，胶接性能好，广泛用于建筑、桥梁、造船、电杆、家具、器具等方面。

（4）椴木

椴木的白木质部分通常颇大，呈奶白色，逐渐淡至棕红色的心材，具有精细均匀纹理及模糊的直纹。椴木机械加工性良好，易于利用手工工具加工，因此是一种上乘的雕刻木料。经砂磨、染色及抛光能获得良好的平滑表面。干燥较快且变形小，老化程度低。干燥时收缩率较大，但尺寸稳定性良好。椴木重量轻，质地软，强度比较低，属于抗蒸汽弯曲能力不良的一类木材。

（5）柞木

柞木密度大，质地坚硬，强度高，收缩大。结构致密，不易进行锯切，切削面光滑，易开裂、翘曲变形，不易干燥。耐湿、耐磨损，不易胶接，着色性能良好。常用于制作装饰木地板。

（6）香樟

其木材具有香气，能防腐、防虫。材质略轻，不易变形，加工容易，切面光滑，有光泽，具有较好的耐久性，胶接性能良好，油漆后色泽美丽。

（7）水曲柳

水曲柳树质略硬，纹理直，结构粗，花纹美丽，耐腐、耐水性较好，易加工但不易干燥，韧性大，胶接、涂饰、着色性能较好，具有良好的装饰性能，是目前家具、室内装饰用得较多的木材品种之一。

（8）桦木

材质略硬，结构细，强度大，加工性、涂饰、胶合性好。古人常用其做门芯。

（9）榆木

榆木木性坚韧，纹理通达清晰，硬度与强度适中，可透雕、浮雕，刨面光滑，弦面花纹美丽，有"鸡翅木"的花纹，可供家具、装修等用。榆木经烘干、整形、雕磨髹漆，可用于制作精美的雕漆工艺品。花纹美丽，结构粗，加工性、涂饰、胶合性好，干燥性差，易开裂翘曲。

（10）榉木

材质坚硬，纹理直，结构细，耐磨，有光泽，干燥时不易变形，加工、涂饰、胶合性较好。

（11）红木

红木其实并不是特定的某个树的品种，它确切地应该说是一个范围，包括5属类，属是以树木学的属来命名的，即紫檀属、黄檀属、崖豆属、柿属及铁力木属。红木材料的特点是颜色较深、木质较重；一般红木木材都有自身所散发的香味，尤其是檀木；材质较硬，强度高，耐磨，耐久性好，但因为产量较少，所以很难有优质树种，质量参差不齐；纹路与年轮不清晰，视觉效果不够清新；加工难度高，而且容易出现开裂的现象；材质比较油腻，高温下容易返油。

根据国家标准《红木》，"红木"的范围确定为5属、8类、29种，归为紫檀木、花梨木、香枝木、黑酸枝木、红酸枝木、乌木、条纹乌木和鸡翅木8类。

① 紫檀。紫檀为常绿亚乔木，高五六丈（1 丈≈3.33m），叶为复叶，花蝶

形，果实有翼，木质甚坚，色赤，入水即沉。紫檀是一种稀有木材，亦称"青龙木"。一般分为大叶檀、小叶檀两种。紫檀多产于热带、亚热带原始森林，以印度紫檀最优。紫檀很少有大料，再大就会空心而无法使用，常言"十檀九空"，最大的紫檀木直径仅为二十厘米左右，其珍贵程度可想而知。在各种硬木中，紫檀木质最为细密，木材的分量最重，入水即沉，棕眼较小，木纹不明显，它的年轮纹大多是绞丝状的，尽管也有直丝的地方，但细看总有绞丝纹，纹理纤细浮动，变化无穷，尤其是它的色调深沉，显得稳重大方。小叶檀木纹不明显，色泽紫黑，有的黝黑如漆，几乎看不出纹理。一般认为中国从印度进口的紫檀木是蔷薇木，即大叶檀。大叶檀纹理较粗，颜色较浅，打磨后有明显木线，即棕眼出现。紫檀是中国人心目中最贵重的木材之一：a. 外形沉穆，紫檀被剖开的时候，颜色非常沉静，从视觉上取悦于人，闪耀着一种金属光泽或像绸缎一样的光泽；b. 紫檀应力小，不容易变形，木材最大的缺点就是容易变形，比如家里的木门窗，遇到干缩、湿胀就变形打不开，但紫檀不会；c. 紫檀纤维非常细，适合雕刻，其"横向走刀不阻"，意思是横向、竖向走刀都不会切断它的纤维，任何一个角度都可以进行雕刻，所以紫檀特别适合柔韧的雕刻，紫檀雕刻打磨后，其纹理就像在高压下冲出来的花纹；d. 紫檀还有一个药用价值，其咸、微寒、无毒，可以止血、止痛、敷刀伤。如图 3-32。

图 3-32　紫檀

图 3-33　黄花梨

　　② 黄花梨。黄花梨实为呈黄褐色的"花梨"或"花榈"，是明清硬木家具的主要用材，以心材呈黄褐色者为好（图 3-33）。明清时考究的木器家具都选"黄花梨"制造，其纹理或隐或现，色泽不静不喧，被视作上乘佳品，备受明清匠人宠爱，特别是明清盛世的文人、士大夫之族对家具的审美情趣更使得这一时期的黄花梨家具卓尔不群，无论从艺术审美，还是工效学的角度来看都无可挑剔，可视为世界家具艺术中的珍品。黄花梨的名贵程度仅次于紫檀木，是因为黄花梨木的木性极为稳定，不管寒暑都不变形、不开裂、不弯曲，有一定的韧性，适合制

作各种异型家具，如三弯腿，其弯曲度很大，唯黄花梨木才能制作，其他木材较难胜任。黄花梨木与其他木材的特点比较相近且容易混淆，最主要的是易与花梨纹紫檀混淆。这种花梨纹紫檀木主要产地是两广和海南岛，有的书称之为海南紫檀，也有的称之为越南檀，因越南及周边国家也生长有这种树。

③ 酸枝。酸枝分布于热带、亚热带地区，主要产地为东南亚国家（图3-34）。木材材色不均匀，心材橙色、浅红褐色至黑褐色，深色条文明显。木材有光泽，具酸味或酸香味，纹理斜而交错，密度高，含油，坚硬耐磨。酸枝木有多种，为豆科植物中蝶形花亚科黄檀属植物。在黄檀属植物中，除海南岛降香黄檀被称为"香枝"（俗称黄花梨）外，其余都属酸枝类。酸枝木大体分为三种——黑酸枝、红酸枝和白酸枝。它们的共同特性是在加工过程中散发出一种食用醋的味道，故名酸枝。有的树种味道浓厚，有的则很微弱。

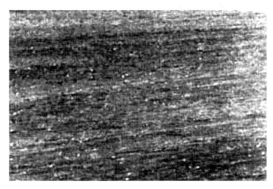

图 3-34　酸枝木

酸枝之名在广东一带使用较广，长江以北多称此木为"红木"。严格说来，红木之名既无科学性，也无学术性，它是一些人在对各种木材认识不清的情况下给出的笼统名称。在三种酸枝木中，以黑酸枝木最好。其颜色由紫红至紫褐或紫黑，木质坚硬，抛光效果好。有的与紫檀木极为接近，常被人们误认为是紫檀，但黑酸枝木大多纹理较粗。红酸枝纹理较黑酸枝更为明显，纹理顺直，颜色大多为枣红色。

④ 鸡翅木。分布于亚热带地区，主要产地为东南亚和南美，因为有类似"鸡翅"的纹理而得名（图3-35）。纹理交错、清晰，颜色突兀，在红木中属于比较漂亮的木材，有微香气，生长年轮不明显。

图 3-35　鸡翅木

鸡翅木，是木材心材的弦切面上有鸡翅（V字形）花纹的一类红木。鸡翅木以显著、独特的纹理著称，历来深受文人雅士和广大消费者喜爱。鸡翅木很容易与其他红木种类区分，但实际市场上鸡翅木却是优劣混杂、真伪难辨。古旧家具有老鸡翅木、新鸡翅木、相思木之称，红木家具又有缅甸鸡翅木、非洲鸡翅木之分。

古旧家具市场上鸡翅木有新老之分。王世襄先生认为：老鸡翅木肌理致密，紫褐色深浅相间成纹，尤其是纵切而微斜的剖面，纤细浮动，予人以羽毛璀璨闪耀的感觉；新鸡翅木木质粗糙，紫黑相间，纹理往往浑浊不清，僵直无旋转之势，而且木丝有时容易翘裂起茬。

鸡翅木较黄花梨、紫檀等产量更少，木质纹理又独具特色，因此以其存世量少和优美艳丽的韵味为世人所珍爱。

3.4.2 人造板材

人造板材是利用木材及其他植物原料，用机械方法将其分解成不同单元，经干燥、施胶、铺装、预压、热压、锯边、砂光等一系列工序加工而成的板材。人造板材的优点在于幅面大，结构性好，施工方便，厚度级及密度级范围较宽，适用性强；膨胀收缩率低，尺寸稳定，材质较锯材均匀，不易变形开裂，作为人造板原料的单板及各种碎料易于浸渍，因而可作各种功能性处理（如阻燃、防腐、抗缩、耐磨等），弯曲成型性能好。其缺点是胶层会老化，长期承载能力差，使用期限、抗弯和拉伸强度相对一般的锯材要差。现如今，人造板材被大量用于各类产品的生产制造，其基本产品是胶合板、刨花板和纤维板。

（1）胶合板

原木经过旋切或刨切成单板，再按相邻纤维方向互相垂直的原则组成三层或多层（一般为奇数层）板坯，经涂胶热压而制成的人造板称为胶合板（图3-36）。胶合板既有天然木材的一切优点，又可弥补天然木材自然产生的一些缺陷。其强度大，抗弯性能好，但稳定性差，这是由于其芯材材料的一致性差异。在家具应用上可以弯曲成型。

细木工板：具有实木板芯的特殊胶合板，俗称大芯板。多层板的使用使其握螺钉力好，强度高，具有质坚、吸声、绝热等特点。但多种杂木组合在一起，密度差别较大，易产生变形；含水率较高；比实木板材稳定性强，但怕潮湿，施工中应注意避免用在厨卫等处。作为家具的整板部件，适合制作桌面、台板，直线

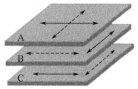

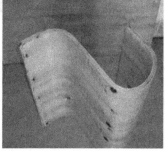

图 3-36 胶合板

或流线型都可。如图 3-37。

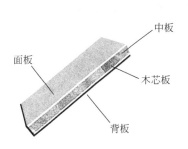

面板 中板 木芯板 背板

图 3-37 细木工板

单板层积材：把旋切单板（经拼接）多层顺纤维方向平行地层积胶压而成的一种高性能人造板。单板层积材（LVL）多为方材，其可作为木制建筑物中的结构材、家具、门窗、室外装饰材料、工业原料等。人工速生林材如杨木、杉木等都具有材质松软、强度低、尺寸变异性大等缺点。利用小径级低质速生材旋切的单板生产单板层积材来代替须用大径级原木锯制的大规格锯材使用，可以实现劣材优用、小材大用，同时可缓解木材短缺所带来的矛盾。如图 3-38。

（2）刨花板

利用小径木、木材加工剩余物（板坯、截头、刨花、碎木片、锯屑等）、采伐剩余物和其他植物性材料加工成一定规格和形态的碎料或刨花，施加一定胶黏

图 3-38　单板层积材

剂，经铺装成型热压而制成的一种板材（图 3-39）。

图 3-39　刨花板

　　根据用途分类有干燥状态下使用的刨花板、潮湿状态下使用的刨花板；根据刨花板结构分类有单层结构刨花板、三层结构刨花板、渐变结构刨花板、定向刨花板（OSB）、华夫刨花板、模压刨花板；根据制造方法分类有平压刨花板、挤压刨花板；按所使用的原料分类有木材刨花板、甘蔗渣刨花板、亚麻屑刨花板、棉秆刨花板、竹材刨花板、水泥刨花板、石膏刨花板。

　　刨花板密度均匀，表面平整光滑，可进行表面装饰；尺寸稳定，冲击强度高，无节疤或空洞，板材无需干燥，易贴面和机械加工，有良好的吸声和隔声性能，主要应用于建筑、家具、交通运输和包装等行业，还可以做吸声、保温、隔热材料。

　　（3）纤维板

　　以木材或其他植物纤维为原料，经过削片、制浆、成型、干燥和热压而制成的一种人造板材，常称为密度板。纤维板通常按产品密度分为非压缩型和压缩型两大类。非压缩型产品为软质纤维板，压缩型产品有中密度纤维板和硬质纤维板。软质纤维板（密度＜0.4g/cm³）质轻，空隙率大，有良好的绝缘性、吸声性和隔热性，多用作公共建筑物内部的覆盖材料。经特殊处理可得到孔隙更多的轻质纤维板，具有吸附性能，可用于净化空气。中密度纤维板或称半硬质纤维板（密度 $0.4\sim0.8g/cm^3$），结构均匀，密度和强度适中，有较好的再加工性。产品厚度范围较宽，具有多种用途，如家具用材、电视机的壳体材料、装饰背景材料等。硬质纤维板（密度 $>0.8g/cm^3$），产品厚度范围较小，在 $3\sim8mm$ 之间，但强度较高，多用于建筑、家具、船舶、车辆等。如图 3-40。

总体上看，纤维板的优点在于材质均匀致密，表面平整光滑，锯切等机械加工方便，线条清楚且成型边直，容易进行封边、钻孔等表面装饰与加工处理。其缺点在于热磨时木质纤维破坏严重，冲击强度差，握钉力较差，螺钉旋紧后如果发生松动，很难再固定；木质纤维热磨成浆，施胶较多，所以板材的甲醛含量较高，环保性能不佳。

图 3-40　纤维板

3.5　木制品加工工艺

3.5.1　实木的加工方法

（1）木材锯割

木材锯割是木材成型加工中最常用的一种操作，木材锯割时的主要工具是各种锯，利用具有齿形的薄钢带与木材的相对运动，使得带有凿形或刀形锋利刃口的锯齿，连续割断木材纤维，从而完成木材的锯割操作。使用工具包括手工锯和锯割机床。

① 木工手工锯。木工手工锯有框锯、刀锯、大板锯、钢丝锯等多种，较常用的有框锯和刀锯两种。

框锯也称拐锯，它是由锯拐（工字形木架）、锯梁和锯条等组成（图 3-41）。锯拐一端装锯条，另一端装麻绳，用锯标绞紧。或装钢串杆，用蝴蝶螺母旋紧。

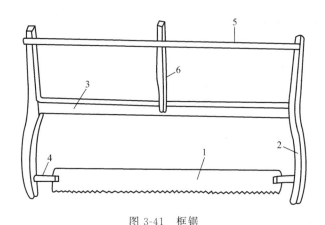

图 3-41　框锯

1—锯条；2—锯拐；3—锯梁；4—锯钮；5—麻绳；6—锯标

刀锯有双刃刀锯、夹背刀锯、鱼头刀锯等多种（图 3-42）。它们均由锯片、锯把两部分组成。刀锯携带方便，适用于框锯不便使用的地方。

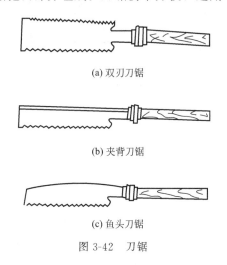

(a) 双刃刀锯

(b) 夹背刀锯

(c) 鱼头刀锯

图 3-42　刀锯

② 木工锯割机床。分为带锯机和圆锯机两大类（图 3-43）。带锯机是将一条带锯齿的封闭薄钢带绕在两条锯轮上，使其高速运动，实现锯割。这种机床不仅可以进行直线锯割，还能完成曲线锯割。

圆锯机是利用高速旋转的圆锯片对木材进行锯割的机床，其结构简单，安装容易，操作和维修方便，生产效率高。

（2）木工刨削

刨削是木材加工主要方法之一，刨削加工的主要工具就是各种刨刀。利用与木材表面成一定倾角的刨刀的锋利刃口与木材表面做相对运动，使木材表面一薄层剥离，完成木材的刨削加工。

木工刨和木工刨削机床如图 3-44。

（3）凿削

木制品构件接合的基本形式为框架榫孔结构。因此在木制品上开出榫眼的凿削，是木制品成型加工基本操作之一。凿削工具如图 3-45。

图 3-43　锯割机床

图 3-44　木工刨、木工刨削机床

图 3-45　凿削工具

图 3-46　铣削加工工具

（4）铣削加工

木材成型加工中，凹凸台面和弧面、球面等形状都是经铣削加工而成的。铣削加工工具如图 3-46 所示。

3.5.2　人造板产品的加工方法

开料、封边、打孔为板式家具加工的三大工序，不同的原料其加工顺序可能有些不同，但是这三道工序是必不可少的，以三聚氰胺双饰面板家具生产工艺流程为例（图 3-47）。

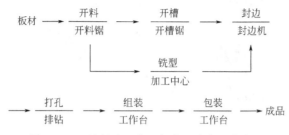

图 3-47　三聚氰胺双饰面板家具生产工艺流程

（1）开料

此工序采用一锯定"终身"的裁板方式，直接在人造板上裁出净料，因此裁板锯的精度和工艺条件等直接影响到家具零部件的精度。根据裁板的精度要求，裁掉人造板长边或短边的边部 5～10mm，以该边作为精基准，再裁相邻的某一边 5～10mm，以获得辅助边基准。

使用设备：精密推台锯、电子开料锯、立式精密裁板锯等（图 3-48～图 3-50）。

图 3-48　精密推台锯

（2）开槽

板式家具开槽是板式家具加工的重要工序，在板式家具结构中经常出现薄背板槽、铝型材封边槽、型材扣手槽等，满足板式家具零部件连接需要。其中板式家具最常用的开槽设备有镂铣机、裁板锯和数控加工中心（图 3-51）。

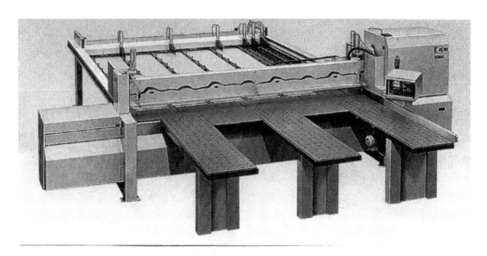

图 3-49　电子开料锯

图 3-50　立式精密裁板锯

（3）封边

板式家具的生产中，封边是最重要也是使用最频繁的一道工序，同时也是造成产品质量问题最多的工序。判断一件板式家具的质量如何，最先也最容易看到的就是封边的质量。

现代板式家具的封边，大量采用的方法是直线封边、异型封边（软成型封边）以及后成型封边。其中最常用的还是直线封边。用作基板的封边材料只要符

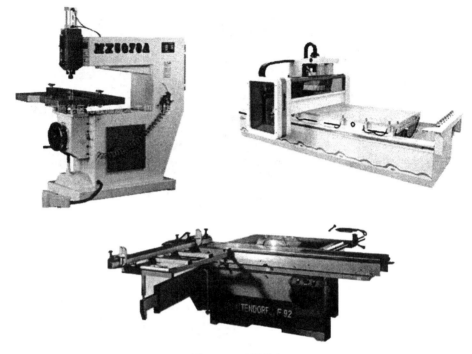

图 3-51　开槽设备

合片条或卷带状，具有可被粘贴的表面，能够用木工刀具进行修整或铣型加工的就可采用，如木质的、纸质的、塑料的、纤维质地的以及某些复合材料等。常用的有实木条、单板条、带有背衬纸的单板连续卷带、封边用浸渍纸卷带以及PVC卷带等。其中板式家具最常使用的封边条为 PVC 封边条和 ABS 封边条。

图 3-52　塑料封边条

塑料封边条如图 3-52 所示。

封边设备：全自动直线封边机、半自动直线封边机、直曲线封边机、曲线封边机（图 3-53）。

典型封边工艺过程：

喷防黏剂→齐边铣削→工件预热→涂胶→施压封边→封边条剪断→前后截断→上下粗修→上下精修→跟踪修→刮修→铲胶层→布轮抛光→质量检验。

（4）钻孔

钻孔主要是为板式家具制造接口，现在

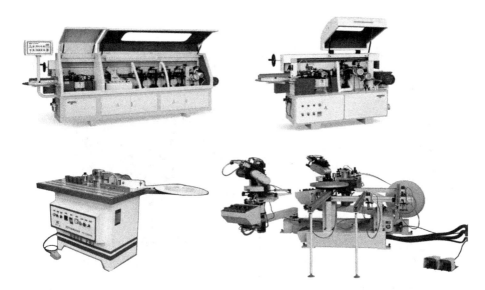

图 3-53　封边设备

板式部件打孔的类型主要有：圆榫孔（用于圆榫的安装或定位）、螺栓孔（用于各类螺栓、螺钉的定位或拧入）、铰链孔（用于各类铰链的安装）、连接件孔（用于各类连接件、插销的安装和连接等）。

32mm 系统是依据单元组合理论，以 32mm 为模数，通过模数化、标准化的"接口"来构筑家具的一种结构与制造体系（图 3-54）。32mm 系统来自于齿轮英制的最小啮合距离 $1\frac{1}{4}$ 英寸，换算成公制后，确定每个孔之间最小距离为 32mm。32mm 系统规范主要有三点：系统孔直径 5mm，系统孔中心距侧板边缘 37mm，系统孔在竖直方向上中心距为 32mm 的倍数。

32mm 系统是由高精度排钻床设备决定的，排钻床设备主要依靠齿轮传动进行加工，每个钻座轴承之间间距为 32mm，因此加工后的孔洞之间满足 32mm 倍数的关系。旁板（也就是侧板）的打孔可以分成两类：一是结构孔，二是系统孔。结构孔主要是连接顶底板等结构性部件的孔位；系统孔是两排或者三竖排孔距在 32mm 或者 64mm 的 ϕ5mm 的小孔，用来安装铰链、活动层板等。32mm 系统主要体现在它的灵活性和可调节性上，是现代板式家具的一种常规设计方法。

（5）安装

现代家具的主要结构方式为拆装结构，在家具产品的售后安装服务或消费者

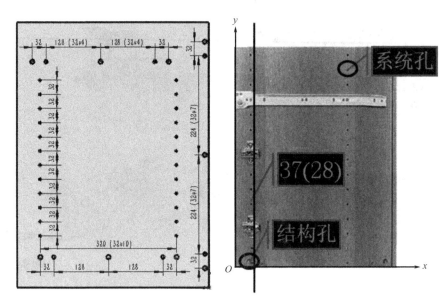

图 3-54　板件 32mm 系统

自行安装的过程中，由于安装不当经常造成家具部件的破损，轻者影响家具产品的使用性能，重者造成家具部件的破废。据统计表明，由于安装方法不当造成的家具产品售后质量问题的服务费用约占整个售后服务费用的 4％～5％。在消费者购买家具产品后，为了确保产品能够被正确、迅速地安装，设计合理有效的产品安装图是有效的保证。

现今的家具产品销售后分为厂家提供安装（包括产品安装与维护）和用户自行安装（DIY）两种情况。前者由专业的安装人员负责完成，这些人员具有一定的专业技能。后者则由消费者根据产品说明书及安装图自行完成。因此在设计家具产品安装图时，应针对安装图的使用者来决定安装图的表达方式。比如提供给专业售后服务人员的安装图可以相对简单些，并可使用比较专业的术语（如暗铰链），而对于普通的消费者则需同时附上相应详细的示意图。

家具的安装可分为立式安装和卧式安装两种方式：立式安装方式是将家具在预定的摆放位置附近进行直立式安装，安装完成后只作小距离的移动即可放置于使用位置，立式安装主要用于衣柜、书柜等规格较大的家具；卧式安装方式是将家具在其他位置安装，安装完成后可对家具作翻转并移动至使用位置，卧式安装主要用于床边柜、写字台等规格较小的家具。

（6）包装

家具包装设计是利用适当的包装材料及包装技术，运用设计规律、美学原理，为家具产品提供容器结构、造型和包装美化而进行创造性构思，并用图纸或模型将其表达出来的全过程。家具包装设计与家具产品的造型、规格、材料、编号、结构、工艺等设计密切相关。

3.6 木材在设计中的应用

为达到产品造型设计的要求，保证产品的质量，科学合理地选用木材是至关重要的。根据产品的造型设计要求和不同的部件，在木材的选用上应按木材的特性考虑如下技术条件：

① 有一定的强度和韧性、刚度和硬度；

② 重量适中，材质结构应细致；

③ 有美丽的自然纹理；

④ 干缩、湿胀性和翘曲变形小；

⑤ 易加工，切削性能好；

⑥ 着色、涂饰性能好；

⑦ 胶合、弯曲性能好；

⑧ 有抗气候和虫害性。

木材由于其优异的性能，在工业设计中得到了广泛应用。在家具设计中，木材更是作为一种经典的传统材料，一直沿用至今，并仍在不断发展。除此之外，木材在日用品、体育用品、乐器、音响、电器、灯具、文具等许多领域也应用广泛。

（1）家具

家具所包含的类别其实很多，如桌、椅、床、凳、柜、台、架、沙发等。按其使用场所不同又可分为室内家具和户外家具等，按家具风格可以分为现代家具、欧式古典家具、美式家具、中式古典家具、新古典家具，按所用材料将家具分为实木家具、板式家具、软体家具、藤编家具、竹编家具、钢木家具和其他人造材料制成的家具。无论家具的类别有多少，我们应该注意那些造型别致的木制家具设计给人们的起居生活所带来的乐趣。别小看了这些天天面对的家具，它们的存在应该是意义非凡的。

马洛夫最著名的作品是一个用胡桃木制成的摇椅（图3-55）。宽大的靠背与扶手紧密相连，形同一双张开的手臂，随时等候将坐下来的人拥抱起来；成片的木头纹理清晰地裸露在表面，看不到一丝一毫人为遮盖的痕迹，成了独一无二的装饰，给人一种特别的亲切感。其中最具特色的，是紧贴椅腿伸展而出的两只长长的摇杆，这可是马洛夫的独创。摇杆的线条长而有力，经打磨后流露出金属般的光泽，原本憨实的木头变得韧力十足，见过它的人都认为它如钢铁般坚固，预言可经数个世纪。马洛夫摇椅造型优雅流畅，椅背线条设计符合工效学，利用木头坚韧且具弹性的特质，利于释放腰背压力，紧贴椅腿延伸而出的流线摇杆，柔韧而有力，兼具优雅及舒适，为使用者提供舒适静谧的心灵飨宴，也因此马洛夫摇椅成为多任美国白宫总统的指定用椅，亦为 NBA 名人堂致赠退休球员的首选之礼。

图 3-55　马洛夫摇椅　　　　　　　　　图 3-56　帕米奥椅

1931 年，芬兰设计师阿尔托为帕米奥疗养院设计的帕米奥椅（Paimio），使用芬兰蓄积量丰富的白桦木制成，座面与靠背的夹角呈 110°，符合人体工学对休息椅的要求。用整张成型胶合板模压而成的优美曲线，看起来就让人觉得弹性十足。靠背上的四个切槽，不但在设计上有装饰作用，而且可以增加弹性。特别值得一提的是，靠背和座面的两端都用螺钉固定，可以防止模压成型胶合板的形状复原。同时，阿尔托还为疗养院设计了帕米奥手推车等。如图 3-56。

（2）乐器

采用木材制作的乐器种类很多，西乐如小提琴、中提琴、大提琴、吉他、竖琴、单簧管、钢琴、木琴等，中乐如扬琴、二胡、三弦、琵琶、古筝、鼓、笛子等，所用的木材品种也大不相同，有时同一件乐器的不同部分也会采用不同的木材进行制作。例如，古筝常用桐木制作琴身，但边板、琴头、琴尾等部位，高级古筝会用红木，有些昂贵古筝更会用上紫檀木。如图 3-57。

（3）日用品

用木材可以制作出与日常生活密切相关的种种物品，如木盆、木桶、木勺、

图 3-57 乐器

木筷、相框等（图 3-58）。

图 3-58 日用品

（4） 体育用品

木材在体育用品中的应用也十分广泛，最早出现的现代运动器械中就大量地采用了木材。现如今，各种新型材料和新技术的出现，促进了体育运动的发展，但我们仍然可以在很多地方找到木材的身影，例如乒乓球拍、球桌、象棋、滑板、平衡木、跳箱等（图 3-59）。

图 3-59　体育用品　　　　　　　　　图 3-60　木制自行车

图 3-60　是一辆木制的自行车，木制的车架、木制的坐垫、木制的把手……每一个部件，都是用木头做的，十分精细和巧妙，让我们对木材的应用又有了新的认识。

（5） 其他

① 木制汽车。木材是天然可再生材料，它消耗的能量非常少，而且完全可以生物降解。与钢和铝相比，具有更好的强度重量比，它可以制成的东西比人们通常认为的要多得多。Interstyl Hustler 于 1981 年在某汽车展展出了一台木制汽车，车身完全用胶合板包裹，而实木材料既是结构又是车身（图3-61）。

图 3-61　木制汽车

② 木制电话。最早的电话就已经使用了木材，只不过逐渐被塑料、金属等材料替代（图3-62）。在现代化的科技产品中采用天然的材料，还会带给人们复古的情结。

图 3-62　木制电话

③ 纸。造纸纤维主要来自木材，还记得我们讲的木材化学结构吗？木材细胞是由纤维素、半纤维素和木质素构成的，木质素是黏稠的泡泡糖，纤维素是头发丝，要想把头发丝从泡泡糖中取出来非常不容易，我们需要去除木质素，保留纤维素和半纤维素，这个过程叫"去木素"。木材打碎后，经过化学处理，在蒸煮条件下使得木质素分子断裂，释放出纤维素分子，这就是木浆，也就是液体木材。木浆还含有一些木质素和发色基团，这种纸张是粗糙、发黄的，必须进行漂白处理。木质素在纤维原料里起的是黏结剂的作用，如果不去除的话，纤维原料是不会分散成单根纤维的，而纸页的结合是通过纤维间的氢键结合来实现的。

纸具有非常适合凹折与弯曲的力学构造（图3-63）。大力折纸会让该部位的纤维素纤维断裂，产生永久弯折，但仍有足够的纤维没有受损，纸张不至于撕开或断裂。纸的纤维素已和木质素分了家，不能用木质素当黏合剂。虽然纤维在干燥时会形成很强的氢键，但必须用合成黏合剂再补强，但是纸仍然无法防水，只要纸湿了，纤维就会失去氢键，因此湿的纸袋很容易解体。纸如果稍微有一点破口，出现小小的施力点就能撕开，但是纸仍然是较好的包装材料。添加高岭土或碳酸钙的细粉添加物可以提高纸的硬度，这些添加剂降低了纸张的吸水力。如图3-64。

图 3-63　纸的折叠

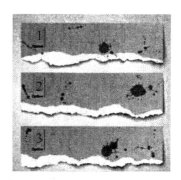

图 3-64　断裂的纸

·习　　题·

习题 3-1　下列锯材中哪些是径切板，哪些是弦切板？

(1)

(2)

(3)

习题 3-2　有一批黑龙江省已经干燥好的松木板材直接运到我国广东省来做家具使用，请问是否合理？为什么？

习题 3-3　如何区分实木家具和板式家具？

习题 3-4　简要分析下图的木制品的制作工艺并进行手工制作。

习题 3-5　若设计制作一款板式电脑桌，请列举说明您想选用的所有材料。

习题 3-6　家具常用板材如何鉴定其树种？

微信扫码立领

☆配套思考题及答案
☆工业产品彩图展示
☆读者学习资料包
☆读者答疑与交流

第**4**章 | 塑料

我们衣食住行都离不开高分子材料，很多人对高分子感到陌生，其实它在我们每个人身边。我们穿的衣服基本上是棉麻、丝毛、尼龙、涤纶等纤维，我们吃的东西含有大量的淀粉、蛋白质，炒菜的锅柄，电饭锅的外壳，工具的手柄，整形用的硅胶，装修房子用的木料、涂料、油漆，轮胎、橡皮、球鞋、雨衣等橡胶制品都是高分子化合物。

高分子化合物和普通化合物的区别是分子量不同，普通化合物由几个或几十个原子构成，分子量在几十个到几百个之间。我们熟悉的水 H_2O，分子量是 18，乙醇 C_2H_5OH，分子量是 46，高分子化合物和这些不同，高分子化合物分子量至少要大于 1 万。高分子化合物由几千个、几万个甚至几十万个原子组成，它的分子量一般以几万、几十万甚至以亿来计算。

4.1 塑料概述

4.1.1 高分子材料的分类

高分子化合物是由相同的单体经过化学聚合反应连接在一起的大分子化合物。就像蛋白质的最小单体是氨基酸，聚乙烯最小单体是乙烯。高分子物质是由低分子单体聚合而成，通过共价键联系到一起的大分子。

有机高分子材料可分为天然高分子材料、合成高分子材料。

天然高分子材料通常指木材、棉花、淀粉、蚕丝、皮毛等，上一章已经介绍了木材。

合成高分子材料包括塑料、大部分的橡胶、某些纤维、某些涂料和某些黏合剂。

4.1.2 塑料定义

塑料是玻璃化温度或结晶聚合物熔点在室温以上，添加辅料后能在成型中塑制成一定形状的高分子材料。简单说，塑料是以合成树脂为主要原料，适当加入具有一定特性的助剂（填充剂、增塑剂、润滑剂、稳定剂、固化剂、着色剂），在一定条件下具有流动性、可塑性，并能够加工成型，当恢复正常条件时仍可保持加工时的形状的一种合成高分子材料（图4-1）。

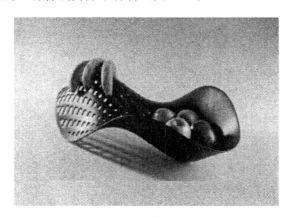

图 4-1 塑料

树脂撑起材料的骨架，助剂改善它的性能。简单理解塑料就是以合成树脂为主要成分，加入适量的助剂，在一定温度和压力下成型的有机高分子材料。塑料＝合成树脂＋助剂。

图 4-2 树脂

树脂是来源于植物或经人工合成得到的固体或高黏度物质，通常可被转化为聚合物（图4-2）。天然树脂指的是植物分泌的树脂，对受伤的部分起到保护作用，使其免受昆虫和病原体的侵害。合成树脂是一种与天然树脂十分相似的材料，合成树脂原料来源于石油，是由单体人工聚合而成的。

4.1.3 塑料的起源与发展

塑料是 20 世纪最重要的发明之一，

自从它问世以来，其应用日益广泛，几乎渗透到人类生活的方方面面。塑料所具有的优异性能，使其在各类工业产品中发挥着其他材料不可替代的作用，在许多产品中它是木材、金属、玻璃和陶瓷等传统材料的最佳替代品，在家电、交通工具、通信器材、建材、日用品和机电设备等领域随处可见。2018 年塑料的全世界产量 3.6 亿吨，已成为世界上应用最多的材料之一。

图 4-3　赛璐珞

世界最早的塑料叫赛璐珞，又称硝酸纤维素塑料。那时候台球是象牙做的，但是象牙材料非常昂贵。象牙这种材料很特殊，它承受几千次撞击也不会凹陷或裂开，非常强韧，不会碎裂，又可以经机器加工成球形，但象牙非常贵，很少有人买得起。为了寻找替代品，美国一个工厂主悬赏 1 万美元征求制造台球的材料以替代象牙。海厄特利用天然高分子纤维素制成了硝化棉，然后搭配樟脑做塑化剂，加入少量酒精进一步做成了具有可塑性的赛璐珞（图 4-3）。

赛璐珞这种材料燃点较低，约为 70～80℃，但是弹性好，透明性好，硬度强，密度高，但只能人工加工，不能机械加工，机械加工会出现火星，把赛璐珞点燃，所以应用范围有限，现在只用在吉他拨片、乒乓球和日本产的眼镜框中（图 4-4）。这种材料不能用酒精擦拭，因为接触表面会产生雾化。赛璐珞因为原料有硝化纤维，硝化纤维俗称黄火药，早期非常容易着火，大大限制了制造产品范围。打台球时，由于摩擦容易在桌子上起火，台球像风火轮一样在桌子上乱跑。后来人们改进了赛璐珞，用乙酸代替硝酸，减少了着火风险。赛璐珞也可以做薄膜，例如相机的底片、早期的钢笔和眼镜。

图 4-4　赛璐珞的应用

真正意义上的塑料——全合成塑料是 1909 年利奥•贝克兰用苯酚和甲醛制成的酚醛塑料，是一种能够耐高温的塑料，它是第一种用化学方法合成并在 1909 年投入工业化生产的塑料。直到今日，它仍然是人们日常生活和生产当中十分重要的热固性塑料之一。因此它的商业名称就叫做"电木"，学名酚醛树脂。虽不是第一种塑料，但历史上对酚醛树脂的评价甚至高于硝基纤维素，因为它是由一类全新的化学反应——缩聚反应合成而来。原料甲醛和苯酚都是小分子，分子量分别是 30 和 94，但经过缩聚反应之后，酚醛树脂的分子量可以达到几万、几十万甚至趋向于 10^{23} 数量级。它不是线型的，而是一团，这类树脂是热固性树脂，在最初加热时变得柔软可塑，继续加热会变硬（图 4-5）。

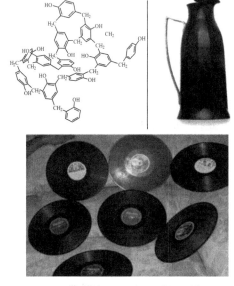

图 4-5　酚醛树脂产品　　　　　　图 4-6　潘顿椅

在随后的数十年内，人造高分子的发展步伐明显加快，并且也由此奠定了很多大型化学公司的发展基础。例如杜邦公司在 1930 年开发出的尼龙（聚酰胺），到目前为止的快 100 年内，仍然没有竞争对手可以超越；拜耳公司在 1937 年开发出聚氨酯材料，而聚氨酯材料也成为拜耳公司最响亮的产品之一；1930 年，巴斯夫公司成为全球第一家工业化生产聚苯乙烯的公司，而这项业务也被巴斯夫保留至今；陶氏的环氧树脂、3M 的聚丙烯酸酯、ICI 的聚乙烯……基本上每个化学界巨头都会发展各自的高分子板块。

1954 年，一位叫做 Natta 的意大利化学家第一次在实验室聚合出了具有利用价值的聚丙烯，新的材料给新的造型和工艺带来新的可能。

潘顿椅（丹麦：Pantonstolen）是由丹麦设计者维尔纳潘顿于 20 世纪 60 年代设计出的 S 形塑料椅（图 4-6）。它是世界上第一个模制塑料椅子，被认为是丹麦设计的杰作之一。潘顿使用玻璃纤维增强塑料制成了冷压模型。他受塑料桶启发，整个椅子被设计成没有任何腿的造型。潘顿为时尚新风格的发展做出了贡献，这些新风格反映了 20 世纪 60 年代的"太空时代"，后来被称为波普艺术。

近年来，塑料工业发展迅速，我们必须熟练掌握塑料的性能和用途，在设计中合理利用它们。现在我们日常生活中离不了它，从牙刷、衣服到家用电器，到处都用到塑料，但塑料却被冠以廉价和污染的代名词。塑料也给人类做过伟大的贡献。人类第一次登上月球时穿的太空装是塑料材料，包括面罩。电影胶片也是塑料薄膜。

塑料的应用见图 4-7。

图 4-7　塑料的应用

4.1.4　塑料分类

塑料的种类繁多，其分类体系比较复杂，分类方法之间又存在着交叉。常用的分类方法有两种，分别是按热性能分类和按应用领域分类。

（1）按热性能分类

根据塑料受热时的性质，塑料可分为**热塑性塑料**和**热固性塑料**。我们把高分子比喻成意大利面，热塑性就是一大堆意大利面在一起，加热时分子可以拉动，热固性是把每个面条都绑起来，加热时分子拉不动（图 4-8）。

图 4-8　热塑性塑料和热固性塑料

① 热塑性塑料。可反复进行加热软化、熔融，冷却后硬化的塑料。将固态的塑料进行加热，塑料熔化后再注入模具中，冷却固化后成品就完成了。优点是产品加热后还能再回收利用，缺点是不耐热，如常见的 PE（聚乙烯）牛奶瓶、PET（聚对苯二甲酸类塑料）瓶遇到高温会发生变形（图 4-9）。

图 4-9　PE（聚乙烯）牛奶瓶和 PET（聚对苯二甲酸类塑料）瓶

② 热固性塑料。热固性塑料在加热过程中发生了化学变化，分子间形成了共价键，成为体型高分子。在冷却后继续加热，在进一步升温过程中导致共价键破坏，从而使原材料的化学结构也随之改变。也就是说热固性塑料仅在第一次加热（或加入固化剂前）时能发生软化、熔融，并在此条件下产生化学交联而固化，以后再加热时不会软化或熔融，也不会被溶解，若温度过高则会导致分子结构的破坏。

一般纤维增强亚克力塑料指的是热固性塑料。还有美耐皿仿瓷餐具（三聚氰胺甲醛树脂或叫密胺树脂）也是热固性塑料。如图 4-10。热固性塑料优点是耐热性、耐候性极高；缺点是不易回收，因为一次成型，再怎么加热也不会发生软化，无法再利用。

（2）按应用领域分类

按照应用领域及性能的不同，通常把塑料分为通用塑料和工程塑料两大类。

图 4-10 美耐皿仿瓷餐具和纤维增强亚克力塑料（玻璃钢）浴缸

通用塑料一般指产量大、用途广、成型性好、价格相对低廉的塑料，如聚乙烯、聚丙烯、聚氯乙烯、聚苯乙烯、酚醛塑料等。工程塑料通常是指性能优良，能承受一定外力作用和具有较高的机械强度，适合作工程材料或结构材料的塑料，如聚酰胺、聚碳酸酯、聚甲醛、聚砜、ABS 等。

当然，在一些特殊的应用领域，对塑料的功能和性能也有特殊的要求，我们往往把这些具有特殊功能，能够满足特殊使用要求的塑料称为特种塑料。如氟塑料和有机硅具有突出的耐高温、自润滑等特殊功用，增强塑料和泡沫塑料具有高强度、高缓冲性等特殊性能，这些塑料都属于特种塑料的范畴。常见的特种塑料还有导电塑料、医用塑料、发光塑料等。

塑料分类见表 4-1。

表 4-1　塑料分类

分类方法	类别	代表性材料
按热性能	热塑性塑料	聚乙烯 PE、聚丙烯 PP、聚苯乙烯 PS、聚甲基丙烯酸甲酯 PMMA、聚氯乙烯 PVC、尼龙 Nylon、聚碳酸酯 PC、聚四氟乙烯（特氟龙）PTFE、聚对苯二甲酸乙二醇酯 PET、聚甲醛 POM、ABS
	热固性塑料	酚醛树脂 PF 氨基树脂 环氧树脂 有机硅塑料
按应用领域	通用塑料	聚乙烯、聚丙烯、聚氯乙烯、聚苯乙烯、酚醛塑料
	工程塑料	聚酰胺（PA 尼龙）、聚碳酸酯（PC）、聚甲醛树脂（POM）、ABS、聚砜
	特种塑料	氟塑料、有机硅、医用塑料

4.1.5　塑料组成

塑料按组成成分的多少，可分为单组分塑料和多组分塑料。单组分塑料仅含合成树脂，如"有机玻璃"就是由一种被称为聚甲基丙烯酸甲酯的合成树脂组成。多组分塑料除含有合成树脂外，还含有一些辅助材料，这些辅助材料我们常称其为助剂或添加剂。常用的添加剂有填料、增塑剂、稳定剂、润滑剂、着色剂、固化剂、发泡剂等。建筑装饰上常用的塑料制品一般都属于多组分塑料。

（1）合成树脂

合成树脂是人工合成的高分子化合物，它是塑料的基本原料和主体材料，在多组分塑料中约占 $30\%\sim70\%$，单组分塑料中含有的树脂几乎达 100%。树脂在塑料中主要起胶黏作用，把填充料等其他组分胶结成一个整体。因此，树脂是决定塑料性质的最主要因素。

（2）填料

填料是为了改善塑料制品某些性质，如提高塑料制品的硬度、强度、耐热性以及降低成本等，而在塑料制品中加入的一些材料。填料在塑料组成材料中约占 $40\%\sim70\%$，常用的填料有木粉、石灰石粉、铝粉、滑石粉、硅藻土、炭黑、云母、二硫化钼、石棉、玻璃纤维等。不同的填料可以提高或改善塑料的某方面性能，如纤维填料可提高塑料的结构强度，石棉填料可改善塑料的耐热性，云母填料能增强塑料的电绝缘性，石墨、二硫化钼填料可改善塑料的摩擦和耐磨性能等。此外，由于填料一般都比合成树脂便宜，故填料的加入能降低材料成本。

（3）增塑剂

增塑剂通常是具有黏性的液体，往往与合成树脂具有一定的相容性。在塑料制品的生产、加工中加入增塑剂，不仅可以降低其脆性，还可以使塑料易于加工成型。

不是所有的聚合物都是可塑的，必须加入增塑剂以保证加工成型，相当于在分子和分子之间加入其他分子，减少长链之间的作用力，增加塑性（图 4-11）。增塑剂是迄今为止产量和消费量最大的助剂，其中以邻苯二甲酸酯类增塑剂使用最为广泛。除玩具和儿童用品外，它还被广泛用于食品包装、PVC 建筑材料、医疗器械及服装等。但某些增塑剂会引发婴儿生殖器畸形和男性不育。2007 年 1月 16 日，所有欧盟成员国都开始执行欧盟颁布的关于禁止在玩具中添加邻苯二甲酸酯类增塑剂的禁令。这一禁令适用于所有添加增塑剂的产品。增塑剂主要通过口入的方式影响人的身体，食品塑料包装应使用没有增塑剂的塑料。

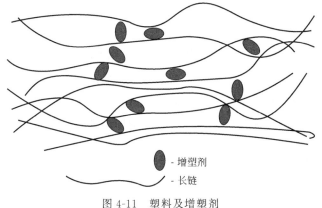

- 增塑剂
- 长链

图 4-11　塑料及增塑剂

（4）稳定剂

添加稳定剂是为了防止塑料在加工和使用过程中，因受热、氧化和光线作用而变质、分解，以延长塑料的使用寿命。常用的稳定剂有抗氧剂、光屏蔽剂、热稳定剂、紫外线吸收剂等。

（5）润滑剂

添加润滑剂主要是为了提高塑料在加工成型中的流动性和脱模性，以避免在成型过程中出现脱模困难等问题，此外它还可以使塑料制品获得更好的表面质量。

（6）着色剂

为使塑料制品具有特定的色彩和光泽，可加入着色剂。着色剂按其在着色介质中的溶解性分为有机颜料和无机颜料，有机颜料可溶于被着色的树脂中，无机颜料则不溶于被着色介质。颜料不仅可以使塑料着色，同时兼有填料和稳定剂的作用。

（7）固化剂

固化剂又称硬化剂或熟化剂。其主要作用是使某些合成树脂的线型结构交联成体型结构，从而使树脂具有热固性。不同品种的树脂应采用不同品种的固化剂，如酚醛树脂常用六亚甲基四胺，聚酯树脂常用过氧化物等。

（8）发泡剂

发泡剂的作用是使塑料在熔融加工的过程中，在特定的条件下产生大量气体，在塑料中形成均匀泡孔结构，从而成为具有轻量性、隔热性、缓冲性的泡沫塑料。

（9）其他添加剂

此外，为了改善塑料的加工和使用性能，往往根据实际需要加入其他成分，如为了提高塑料的抗着火性能，需要对其添加阻燃剂；为了防止产品因摩擦产生静电，可采用添加抗静电剂的方法；为了使材料具有荧光效果，则可以添加荧光剂；为了提高材料的抗冲击性能，可对其添加增韧剂等。

4.1.6 塑料的基本性能

产品设计对造型材料的要求是能够自由地成型或者容易加工，与其他材料相比，塑料具有良好的综合特性，但在不同的要求与条件之下，不同的塑料材料也并非均能具有所有优良性能，同时也会表现出其缺点。

（1）塑料的一般特性

① 密度。塑料是密度较低的材料，一般塑料的密度都在 $900 \sim 2300 kg/m^3$ 之间，发泡塑料的密度更低，仅约为 $10 \sim 500 kg/m^3$，密度是钢铁的 $1/8 \sim 1/4$。有些塑料密度比水小，如聚丙烯（PP）密度为 $900 \sim 910 kg/m^3$。

② 耐腐蚀性。大部分塑料对酸碱等物质有良好的抗腐蚀性能。其中最突出的是被称为"塑料王"的聚四氯乙烯，连"王水"也不能腐蚀，甚至将其在硫酸中煮沸，也不会受到侵害。塑料是一种优良的抗腐蚀材料。

③ 比强度。塑料的密度比金属小得多，但强度却比一般金属高。比强度是强度与密度的比值，有些塑料或增强塑料的比强度接近甚至超过金属材料。

④ 电绝缘性。塑料在一定范围内绝缘能力强，大多数塑料在低频低压下具有良好的电绝缘性能，有的即使在高频高压下也可以作电绝缘材料或电容介质材料，其优异的电绝缘性能可与陶瓷相媲美。

⑤ 击穿强度。任何介质在电场作用下，当电场和电压超过某一临界值时，通过介质的电流会急速增大，材料失去绝缘性能。这种现象叫介质击穿，击穿时的电压叫临界电压。塑料的击穿电场电压很高，击穿强度在 $15 \sim 40 kV/mm$。

⑥ 应力-应变行为。单位面积上试样受到的力叫应力，由应力作用引起的试样长度变化叫应变。在标准试样上沿轴向施加拉伸载荷，试样由于力的作用而发生变形直至破坏。使材料破坏的临界拉伸应力称为拉伸强度，它是衡量材料强度的重要指标之一。

在室温下，塑料可以分为四种类型。

刚而脆的材料，PF、PS；

刚而强的材料，PU、硬 PVC、增强环氧树脂；

软而韧的材料，软 PVC（加入增塑剂）；

刚而韧的材料，PC、PA、聚甲醛。

⑦ 弯曲强度。弯曲强度是使材料弯曲断裂的应力。

常见塑料中的聚酰胺（PA）的弯曲强度可达 210MPa，玻璃纤维增强塑料的弯曲强度为 350MPa。

⑧ 剪切强度。材料抵抗剪切应力的能力或被剪断时的应力，就是剪切强度。

玻璃纤维增强塑料的剪切强度可达 80～170MPa。

⑨ 冲击强度。以极快的速度对塑料试样施加载荷使之破坏的应力，即冲击强度。

⑩ 耐摩擦性。大多数塑料具有优良的减摩、耐磨和自润滑特性，许多以工程塑料为制造材料的耐磨零件就是利用此特性来减少摩擦和磨损的。塑料的摩擦系数很小，有的塑料可以在完全无润滑的条件下工作。如聚四氟乙烯、尼龙等自身就有润滑性能，可以用这类塑料制造轴承、凸轮等耐磨零件。

⑪ 耐热性。热固性塑料耐热性一般比热塑性塑料好。

⑫ 导热性。塑料导热性不好。

⑬ 膨胀系数。膨胀系数较大，一般为金属的 3～10 倍。

⑭ 透光性、可着色性好。多数塑料都可以具有透明或半透明性质，富有光泽，可以任意着色，许多塑料制品可以像玻璃一样透明，如 PMMA、PC。

⑮ 隔热性能、消声性能优良。塑料的热导率很小，泡沫塑料的热导率更是与静态空气相当，因此被广泛用作保温、冷藏等绝热装置材料。同时，塑料还具有优良的消声性能，特别是各种泡沫塑料常被用作消声材料。

⑯ 成型加工性能良好。塑料可塑性优良，能任意成型，成型加工方便，能大批量生产。塑料通过加热、加压可制成各种形状的制品，易进行切削、焊接、表面处理等二次加工，精加工成本低。产品造型设计很大程度上不受形态和线型的制约，可以比较自由地表达设计师的构思。

（2）塑料的缺点

塑料与其他材料相比较也存在着以下不足之处。

① 塑料的耐热性相对较差，具体表现为其不耐高温，低温时容易发脆。一般塑料仅能在 100℃以下正常使用，随着温度升高发生变形，燃烧时会释放有毒

气体。同时，塑料的热膨胀系数比金属要大 3～10 倍，在温度变化过程中的尺寸稳定性不佳。

②塑料在长时间使用或贮藏过程中，受大气、光照、热量、辐射、湿度、雨雪、溶剂、微生物等各种环境因素作用后，往往会出现色泽改变、力学性能下降等老化现象，变得硬脆或软黏，这一缺陷也影响或限制了塑料材料在某些领域的应用。

4.2 塑料产品加工工艺

4.2.1 塑料产品加工要考虑的关键因素

（1）收缩率

如果我们按照 ABS 的收缩率进行开模，后期换成 POM 材料是不可能的，收缩率越大，注塑成型时尺寸控制难度越大。为解决收缩率问题，在塑料中添加玻璃纤维可让收缩率降低。在原料里加入 30％的玻璃纤维时，结晶性材料收缩率大幅降低。模具要根据塑料收缩率进行加工，出来的尺寸只能是模具的等量放大或缩小。

（2）产品厚度

产品厚度分为主结构厚度和补强类厚度。产品设计要考虑产品厚度。

（3）表面粗糙度

塑料粗糙度是由模具表面决定的，模具表面加工方式一般是抛光、放电咬花、激光咬花、药水咬花。如果是高光亮面的产品，则模具的表面粗糙度应在 3000♯（♯值指的是目数，值越大，越细），表面像镜子一样平整。如果产品需要耐磨耐刮或长时间接触桌面，则应该使用咬花面，刮痕不明显。如图 4-12。

（4）拔模角度

产品必须设计拔模角度，拔模角越大越容易脱模，如果是直角，脱模困难，容易造成塑料产品出现拉痕。另外模具本身凹凸不平，塑料产品会和模具形成倒钩，类似于榫，更难拔出来，因此必须设计好拔模角度，消除倒钩情况。咬花面越深拔模角建议越大。

（5）公差设计

产品尺寸和图纸尺寸不一定完全一致，图纸是理想状态，实际上加工都会有

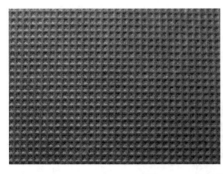

图 4-12 咬花面和抛光面

偏差，这时需要设计合理的公差范围。

（6）塑料材质

在设计时根据产品的特点选用合适的塑料材质，这也是我们应该学会的。

4.2.2 塑料成型工艺

塑料成型加工是指将各种形态的塑料原料和添加剂，通过相关的成型设备，在一定的工艺条件下，制成所需形状的制品或坯件的过程。塑料成型的工艺方法很多，常用的塑料成型方法有注射成型、挤出成型、压制成型、吹塑成型、热成型、滚塑成型、压延成型、流延成型、发泡成型、搪塑成型、传递模塑成型、手糊成型等。在生产过程中，对于塑料成型工艺的选择主要取决于塑料的类型（热塑性还是热固性）、起始形态以及制品的外观、形状、尺寸精度和工艺成本等。如加工热塑性塑料常用的方法有挤出、注射、压延、吹塑和热成型等，加工热固性塑料一般采用压制、传递模塑，也可用注射成型等。

（1）注射成型

注射成型又称射出成型、注塑成型（图 4-13）。这是塑料注入模具类的成型工艺。不同模具设计会制造出不同造型的塑料零件。注射成型是与我们生活息息相关的基础工业。用注射成型方法生产的塑料制品约占热塑性塑料制品生产总量的 20%～30%，而工程塑料中大约 80% 是采用注射成型方法生产制造的。

注射成型的基本过程是：将粉末或粒状的塑料原料加入注射成型设备的料斗内，在热和机械剪切力的作用下塑化成高黏度的流体，即熔体；用柱塞或螺杆作为加压工具，使熔体通过喷嘴以较高的压力注入模具的型腔中，经过冷却、凝固阶段，而后从模具脱出，形成与型腔形状一致的塑料制品。注射成型简易步骤：

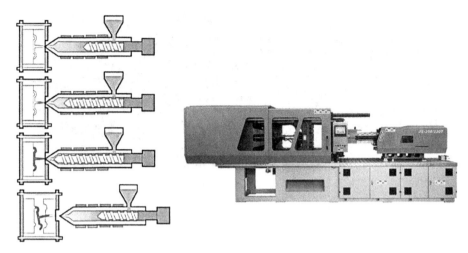

图 4-13 注射成型设备

①加热塑化；②射出注塑；③冷却定型；④开模取出。

注射成型工艺成型周期短，能一次成型外形复杂、带有金属或非金属嵌件、尺寸精确、质量稳定的制品；利用一套模具，便可成批生产出尺寸、形状、性能完全相同的产品，具有较高的生产效率和技术经济指标。此外，适应性强、原料损耗小、操作方便等也都是注射成型工艺的优点。

但是注射成型工艺也存在不足之处，如：制品的尺寸受设备和模具的限制；模具设计的技术要求高；由于模具成本高，小批量生产时，经济性差；对于厚壁制品和壁厚变化大的制品，难以避免成型缺陷。

在产品设计中，注射成型工艺被广泛应用。注射成型的制品有：厨房用品（垃圾筒、碗、水桶、壶、餐具以及各种容器）、电气设备的外壳（吹风机、吸尘器、食品搅拌器等）、玩具与游戏产品、汽车工业的各种产品、其他许多产品的零件等。

有些产品由两种不同颜色或种类的塑料制成，往往会采用双色注射工艺。两种塑料材料在同一台注射机上注射，分两次成型，但产品仅出模一次，如图 4-14 所示。双色注射能够较好地结合两种材质或颜色的塑料材料，产品精度高、品质好、结构强度高、耐久性好且配合间隙小，但其模具较复杂、注射成本偏高。

（2）挤出成型

也称压出成型、挤塑成型、挤压成型。挤出成型从字面来看就是原材料流动性较差，要通过挤压方式进行塑型。它是塑料原料在旋转的螺杆与料筒之间连续

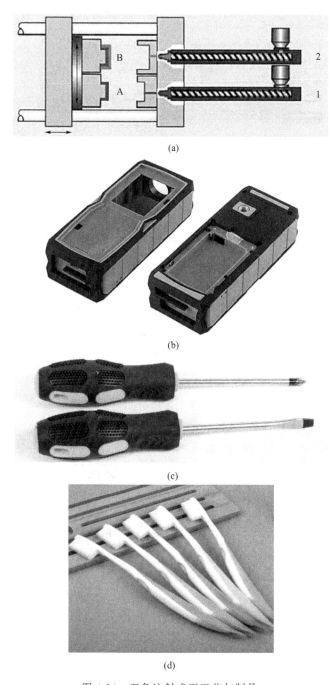

(a)

(b)

(c)

(d)

图 4-14 双色注射成型工艺与制品

进行输送、压缩、塑化熔融，再定量通过挤出机的机头和口模而形成截面与口模形状相仿的连续体，然后在牵引和冷却过程中定型为制品的一种塑料成型方法（图 4-15）。

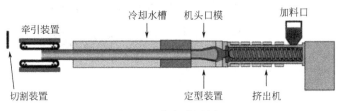

图 4-15　挤出成型原理

它的简易步骤：①加热塑化；②塑料压出；③模具塑型；④冷却定型；⑤裁切长度。

挤出机的口模决定了制品的最终形状，根据制品的几何形状和对其不同的要求应设计相应的口模。制品的形状在宽高方向是受口模限制的，而在长度方向，则不受限制，可根据实际需要截取。挤出成型的优点在于生产效率高，操作简单，可进行自动化大批量的生产；通过选择不同的口模可连续生产各类截面的管材、片材、板材、薄膜等制品以及实心或空心的异型材；如果配置两台或两台以上挤出机和特殊的机头与口模，还可以生产两层或两层以上由不同色彩、不同材料组成的多层挤出制品（图 4-16）。

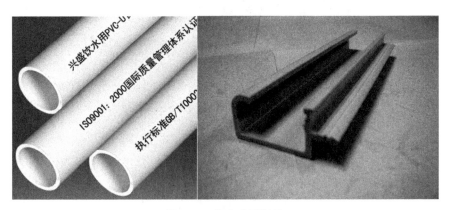

图 4-16　挤出成型制品

但是由于挤出后的塑料制品在冷却和外力等各种因素的影响下，其截面形状并不能与口模的形状完全相同，因此，挤出制品最终的截面形状较难达到高精度的水平。

（3）吹塑成型

也称吹出成型、吹气成型或中空成型。吹塑成型主要是通过挤出、注射等方法制出管状型坯，然后将处在高弹态的管状型坯置于开启的模腔中，闭合模具并导入压缩空气，使物料向模具壁面膨胀，从而取得与模腔的形状、表面特征相吻合的塑料制品。吹塑成型是生产中空塑料制品及塑料薄膜的重要方法之一，常用的吹塑成型工艺包括挤出吹塑、注射吹塑、拉伸吹塑、吹塑薄膜法。吹塑成型制品如图4-17。

挤出吹塑成型是用挤出法先将塑料制成有底型坯，接着再将型坯移到吹塑模中吹制成中空制品，其生产过程分连续和间歇两种。连续式挤出吹塑多运用于快速生产小型制品，如瓶子等；间歇式挤出吹塑，通常用于生产大型制品。

其工作原理是：螺杆进行旋转，让塑料原料充至待注室直至满载，通过外部加热器的配合，在进料混合后以一定

图4-17 吹塑成型制品

的压力和容量挤入机头；机头内的流体在中立和基础压力的作用下，通过机头口模挤出形成所需的型坯；将达到要求长度的型坯置于吹塑模具内合模，由模具上的刃口将型坯切断，通过模具上的进气口输入一定压力的气体吹胀型坯，使制品和模具内表面紧密接触；保持模具型腔内的气压，等待制品冷却定型，冷却定型后打开模具，由机械手将制品取出（图4-18）。

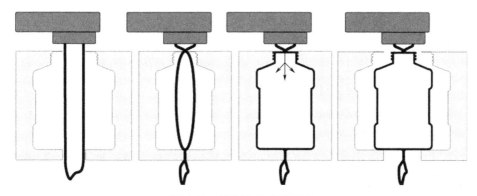

图4-18 挤出吹塑成型原理

注射吹塑成型和挤出吹塑成型的不同之处是制造型坯的方法不同，注射吹塑所用型坯由注射成型而得（图4-19）。型坯留在模具的芯模上，然后将型坯转移到吹塑模中，从芯模通入压缩空气，将型坯吹胀，冷却，再转一个工位进行脱

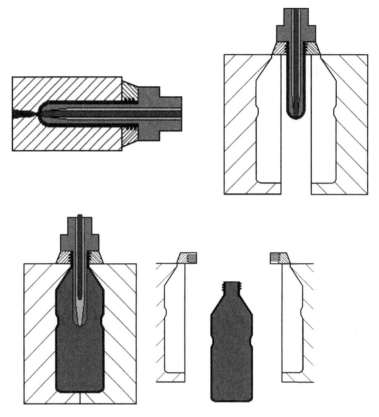

图 4-19　注射吹塑成型原理

模，即得制品。此法优点是制品壁厚均匀，重量公差小，后加工少，废边少。但在吹制大型制件时，模具费用高。这部分很像一般的注射成型，将此热毛坯（未冷却）先做好，再通过高压热空气将此初坯吹胀成模具内壁的形状。瓶坯是稳定的，可以按照需求，再高速吹。

拉伸吹塑成型是双轴定向拉伸的一种吹塑成型法，其方法是先将型坯进行纵向拉伸，然后用压缩空气进行吹胀达到横向拉伸。这种方式跟注射吹塑成型很相似，不同之处在于其在吹出成型前会再经过一道拉坯步骤。拉伸吹塑成型可使制品的透明性、冲击强度、表面硬度和刚性有很大的提高。按制造方式的不同，拉伸吹塑成型分为注射拉伸吹塑、挤出拉伸吹塑等。其原理如图 4-20。

吹塑薄膜法是成型热塑性薄膜的一种方法。首先通过挤出法将塑料挤成管，然后借助向管内吹入的空气使其连续膨胀成具有一定尺寸的管状薄膜，冷却后折叠卷绕。

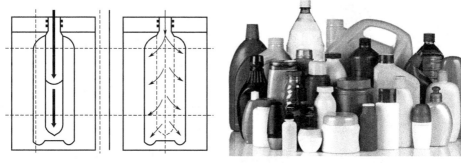

图 4-20 拉伸吹塑成型原理

图 4-21 吹塑成型产品

塑料薄膜可用许多方法制造，如吹塑、挤出、流延、压延、浇铸等，但以吹塑法应用最广泛。吹塑薄膜法可用于聚乙烯、聚氯乙烯、聚酰胺等薄膜的制造。

吹塑成型产品见图 4-21。

（4）模压成型

也称压制成型、压塑成型。这种成型方法是将一定量的粉状、粒状或纤维状塑料模压料放入成型温度下的金属模具内，然后闭模加压成型得到制品（图 4-22）。模压成型是热固性塑料和增强塑料成型的主要方法，部分热塑性塑料的成型也可采用此法，如聚四氯乙烯塑料先模压成型，再烧结成制品。

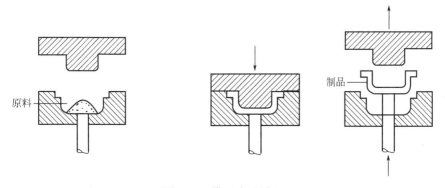

原料

制品

图 4-22 模压成型原理

模压成型工艺是塑料加工工艺中最古老的成型方法，潘顿椅最早就是由酚醛树脂模压而成（图 4-23）。模压成型发展至今，成型技术比较成熟，且机械化、自动化程度也日趋提高，被广泛应用于热固性塑料制品的生产，一般分为模压法和层压法两种。

图 4-23　模压成型潘顿椅

层压成型是借助加热、加压把多层相同或不同材料结合为整体的成型加工方法，是塑料材料常用的成型方法之一，也用于橡胶、木材等的加工。对于热塑性塑料，层压常把塑料片材叠压成整块板材，可在压延机上将塑料片材或薄膜和织物等进行贴合，层压成人造革类产品；也可在挤压机上，用一组辊筒把挤出的塑料平膜和纸张或其他塑料薄膜相贴合，层压成复合薄膜，作为高分子包装材料。对于热固性塑料，层压是制造增强塑料及其制品的一种重要方法。将浸渍过树脂的片状材料叠合至所需厚度后放入层压机中，在一定的温度和压力下使之黏合固化成层状制品。层压成型制品同样质地密实，表面平整光洁，且生产效率较高。

（5）真空成型

真空成型是将热塑性塑料薄片或薄板（厚度小于 6mm）重新加热软化，置于带有许多小孔的模具上，采取抽真空的方法使片材紧吸在模具上成型。这种方法成型速度快，操作容易，但是制品表面粗糙，尺寸和形状误差较大。

（6）树脂转换成型

先将增强织物置于模具中形成一定的形状，再将树脂注射进入模具、浸渍纤维并固化的一种复合材料生产工艺，是 FRP 的主要成型工艺之一（图 4-24）。其最大特点是污染小，为闭模操作系统，另外在制品可设计性、制品综合性能方面优于 SMC、BMC。

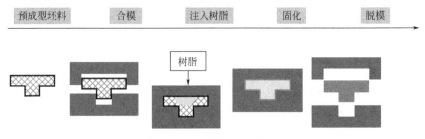

图 4-24　树脂转换成型原理

（7）滚塑成型

滚塑成型又称为旋转成型。滚塑成型是把粉状或糊状塑料置于塑模中，然后加热模具并使之沿相互垂直的两根轴连续旋转，模具内树脂在重力和热量的作用下逐渐均匀地涂布、熔融黏附于模具内表面上，从而形成所需的形状，然后冷却模具，脱模得到制品（图4-25）。

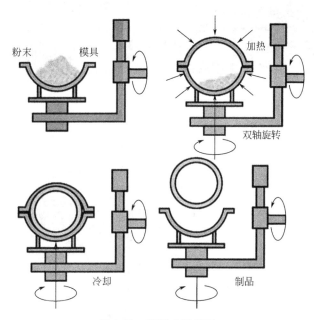

图 4-25　滚塑成型原理

滚塑成型多用于生产各种形状的中空塑料制件，特别是注塑工艺和吹塑工艺难以胜任的大中型或超大型的制品，如大型集装箱、油箱、废物箱、船艇等（图4-26）。制品的厚度可在10mm以上，壁厚均匀、无接缝。模具简单、成本低廉，但生产效率低，仅适于小批量生产。

（8）压延成型

压延成型是将热塑性塑料通过一系列加热的压辊，使其在挤压和延展作用下连接成为薄膜或片材的一种成型方法（图4-27）。压延产品主要有薄膜、片材、人造革、壁纸和其他涂层制品等。压延成型所采用的原材料主要有聚氯乙烯、纤维素、改性聚苯乙烯等。压延设备包括压延机和其他辅机。压延机通常以辊筒数目及其排列方式分类。

根据辊筒数目不同，压延机有双辊、三辊、四辊、五辊，甚至六辊，以三辊

图 4-26　滚塑成型产品

或四辊压延机最为常见。

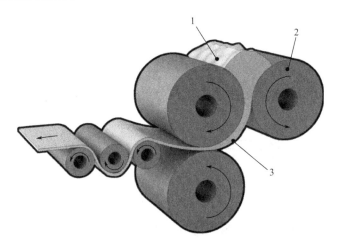

图 4-27　压延成型原理

1—塑料原料；2—压辊；3—薄片

（9）　浇铸成型

浇铸成型又称铸塑，是由金属浇铸工艺演变而来的。浇铸成型是在不加压或稍加压的情况下，将液态单体、树脂或其混合物注入模内，在常温或加热条件下使其逐渐固化成一定形状制品的方法。浇铸成型工艺简单，成本低，可以生产大型产品，适用于流动性大而又有收缩性的塑料，如有机玻璃、尼龙、聚氨酯等热塑性塑料和酚醛树脂、环氧树脂等热固性塑料。

（10）　发泡成型

发泡是塑料加工的重要方法之一，塑料发泡得到的泡沫塑料含有气固两相

（气体和固体）。气体以泡孔的形式存在于泡沫体中，泡孔与泡孔互相隔绝的称为闭孔，连通的则称为开孔，从而有闭孔泡沫塑料和开孔泡沫塑料之分。泡沫结构的开孔或闭孔是由原材料性能及其加工工艺所决定的。泡沫塑料成型时对原料的适应性比较强，现代技术几乎可以把所有的热塑性和热固性树脂加工成泡沫塑料。目前通常用于制造泡沫塑料的树脂有聚苯乙烯、聚氯乙烯、聚乙烯、聚氨酯、脲甲醛树脂等。发泡成型原理见图4-28。

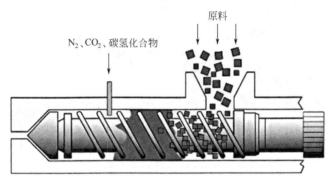

图 4-28　发泡成型原理

4.2.3　塑料的二次加工

塑料的二次加工是指在原有已成型塑料的基础上，使用机械加工、热成型、连接、表面处理等工艺将一次成型的塑料制件进行二次成型，制成所需的制品，故可称为塑料的二次成型。塑料二次加工对产品外观的影响相当明显，可以说产品最终呈现的外观多是由二次加工所确定的。

（1）塑料的机械加工

利用切削金属、木材等材料的机械加工方法对塑料进行加工称为塑料的机械加工。当要求制品的尺寸精度高、数量少时，机械加工的方法是较为合适的选择。另外，塑料的机械加工也可作为其成型的辅助工序，如挤出型材的锯切等。塑料的机械加工与金属材料的切削加工大致相同，可沿用金属材料加工的一套切削工具和设备。但要注意的是，由于塑料的导热性差，热膨胀系数大，当夹具或刀具加压太大时，易于引起变形，且易受到切削时产生的热量影响而熔化，熔化后易黏附在刀具上。塑料制件的回弹性大，易变形，机械加工表面较粗糙，尺寸误差较大；加工有方向性的层状塑料制件时易开裂、分层、起毛或崩落。因此，对塑料材料进行机械加工时，需要充分考虑其特性，正确地选择加工方法、所用的刀具及相应的切削速度。常用的机械加工方法有锯、切、车、铣、磨、钻、刨、喷砂、抛光、螺纹加工、光加工等（图 4-29）。

图 4-29　聚甲醛塑料 CNC 铣削加工

（2）塑料的热成型

塑料热成型的特点在于它并不是采用粉状或粒状的原料进行加工，而是以半成品的塑料片材为原料，通过加热软化片材，然后借助真空或施加低的压力，使软的片材压向整个模具表面，取得与模具型面相仿的形状，最后经冷却定型和修饰获得塑料制件。常用的热成型方法有真空成型、对模热成型、双片材热成型、气压热成型、柱塞助压成型等。

真空成型又称真空抽吸成型，是将加热的热塑性塑料薄片或薄板置于带有小孔的模具上，四周固定密封后进行抽真空，片材被吸附在模具的模壁上而成型，脱模后即可获得制品（图 4-30）。真空成型工艺简单，但抽真空所造成的压差不大，只可用于外形简单的制品（图 4-31）。

吸塑成型适于生产各种规格的简单薄壁制品，生产成本较低，适合大批量生产，也适用于少量生产。不适合成型形状较复杂和尺寸精度较高的制品。热成型工艺适用于热塑性塑料，常用材料有 PVC、PS、PC、EPS 等。

对模热成型是将受热软化的片材放在配对的阴、阳模之间，借助机械压力进行成型。此法的成型压力更大，可用于制造外形复杂的制品，但模具费用较高。

双片材热成型是中空塑料制品的一种成型方法，简单地说就是将两个片材叠合在一起，中间吹气，可制作大型中空制件（图 4-32）。

气压热成型采用压缩空气或蒸汽压力，迫使受热软化的塑料片材紧贴于模具

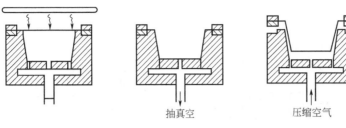

抽真空   压缩空气

图 4-30　阴模真空成型

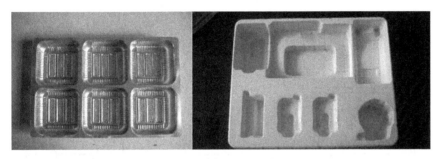

图 4-31　阴模真空成型产品

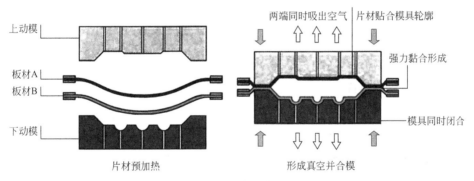

图 4-32　双片材热成型

表面而成型。由于压差比真空成型大，可制造外形较复杂的制品（图 4-33）。

柱塞助压成型是用柱塞或阳模将受热塑料片材进行部分预拉伸，再用真空或气压进行成型，可以制得深度大、壁厚分布均匀的制品（图 4-34）。

总体说来，热成型工艺的优点在于设备简单、投资少、可批量自动化生产、生产效率高。其局限在于，由于在热成型的温度范围内，塑料片材的流动变形很有限，因此不适合加工形状复杂和尺寸精度要求高的产品，同时制品的壁厚也较难控制。

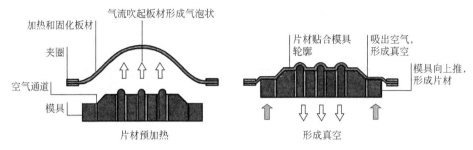

图 4-33　气压热成型

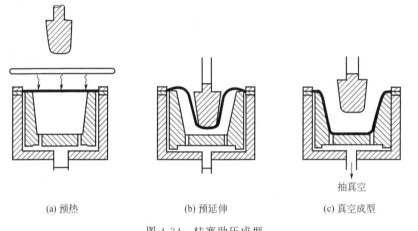

(a) 预热　　　　　　　(b) 预延伸　　　　　　　(c) 真空成型

图 4-34　柱塞助压成型

（3）塑料的连接

在产品设计中，经常会采用将不同的塑料件或是将塑料件与其他材料制件相连接的方式。塑料的连接方式大体上可分为机械连接、化学黏合和焊接三种。

借助机械力使得塑料部件之间或与其他材料的部件形成连接的方法都称为机械连接。

化学黏合是指在溶剂或黏合剂的作用下使塑料与塑料或其他材料彼此连接的方法，常用的化学黏合方式有溶剂黏合、黏合剂黏合和热熔胶黏合。

塑料的焊接又称热熔焊接，它是利用热作用，使塑料连接处发生熔融，并在一定压力下黏合在一起（图 4-35）。塑料的焊接是热塑性塑料连接的基本方法，通常是不可逆的，少数工艺如感应焊接可生产可逆组装件。常用的焊接方法有激光焊接、热风焊接、热板焊接、高频焊接、超声波焊接、感应焊接、摩擦焊接等。焊接设备如图 4-36。

图 4-35　塑料焊接

（4）塑料的表面处理

一般来说，塑料的着色和表面肌理装饰，在塑料成型时便可以完成，但是为了增加产品的寿命，提高其美观度，一般都会对表面进行二次加工即进行各种处理和装饰，这就是塑料的表面处理，一般可分为塑料表面的机械加工、表面镀覆和表面装饰。

塑料表面的机械加工主要是通过磨砂、抛光（图 4-37、图 4-38）等机械的手段，使制品表面的质感产生变化，使得产品更加美观。

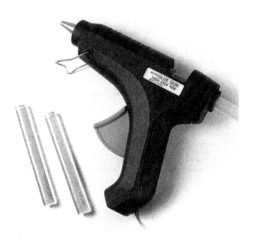

图 4-36　热熔胶枪

图 4-37　塑料抛光

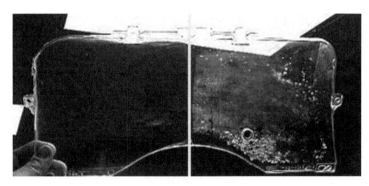

图 4-38　塑料抛光后与抛光前

塑料表面镀覆主要是在塑料制件表面镀覆上金属，是塑料二次加工的重要工艺之一（图 4-39）。常用的镀覆方法有电镀和真空镀。

图 4-39　塑料表面镀覆

电镀是电沉积技术之一，是一种用电化学方法在工件表面获得金属沉积层的金属覆层工艺，属湿法工艺。通过电镀可以改变塑料材料的外观，改变表面特性，使材料更耐磨，并具有装饰性和电、磁、光学性能。

真空镀属于塑料表面金属化技术中的干法工艺，常用的有真空蒸镀和溅镀两种（图 4-40）。

真空蒸镀是将塑料制件置于真空室中，用特殊加热装置将金属加热蒸发，使金属蒸气在塑料制件表面凝结成均匀的金属膜。溅镀同样是在真空状态下完成的，将氩气电离形成氩离子去撞击处于负电位的靶金属体，使其金属原子从母体溅射飞向塑料制件，并在塑料制件表面均匀且牢固地附着形成金属膜层。真空镀具有成本低、生产过程污染少、对基材适应性强等特点，但制品尺寸不宜过大，形状不宜过复杂。

图 4-40　采用真空镀的
工程塑料手机外壳

塑料表面装饰主要包括涂饰、热转印、贴膜、印刷等。

塑料的涂饰是将涂料涂于塑料制件表面，形成漆膜，然后使之固化，牢固附于塑料制件表面之上（图 4-41）。涂饰可以方便地调整表面的颜色和光泽，同时覆盖原有的色差、接缝线并获得不同肌理效果等。除了对制件的外表面进行喷涂之外，还可以对其内表面进行涂饰，常用于透明塑料材料，以获得类似水晶的透亮的丰富质感，这样的工艺称为内喷漆。

图 4-41 喷漆后的塑料瓶和鼠标

热转印是将装饰胶膜或纸膜上的文字、图案等装饰元素，通过热和压力的共同作用，转印到塑料制件的表面上的一种装饰方法。另外还有热烫印的方法，其不同之处在于，文字和图案被刻制在了烫印模具上，在热和压力的作用下，将烫印材料上的色箔转印到了塑料制件表面之上。

热转印纸是替代高档不干胶标签的一种理想的解决方案（图 4-42）。转印加工通过热转印机一次加工（加热）将转印膜上精美的图案转印在产品表面，成型后油墨层与产品表面融为一体。

贴膜法是将预先印有图案的塑料膜紧贴在模具上，在塑料制件成型的同时依靠其热量将塑料膜熔合在产品表面。这种方法在日常生活中的塑料制品上使用广泛，比如脸盆、文具表面的图案多是用贴膜法取得的。

塑料表面亦可通过印刷的方法进行装饰，常用的印刷方法有丝网印刷、移印、胶版印等。

图 4-42 热转印纸产品

丝网印刷的基本原理是丝网印版的

部分网孔能够透过油墨，漏印到承印物上，它的适应性很强，成本低且见效快，被称为万能印刷法（图 4-43）。移印则是把需要印刷的图案先利用照相制版的方法，把钢版制成凹版再经由特制硅胶印头转印到被印物上（图 4-44）。

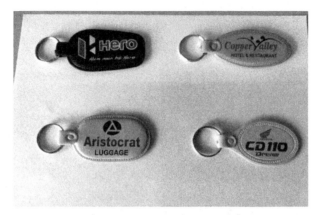

图 4-43　丝网印刷 ABS 钥匙扣

图 4-44　移印设备

4.3　常用的塑料材料及其在设计中的应用

现如今，随着塑料工业的发展，塑料材料的品种也越来越多，其性能也是千差万别。了解材料的性能，选择最合适的材料与工艺，是产品设计走向成功的重要环节。下面就设计中常用的部分塑料材料的主要性能特点、典型产品用途及在设计中的应用等方面进行介绍（表 4-2）。

表 4-2 常用塑料及其英文简称

英文简称	中文名称	英文简称	中文名称
ABS	丙烯腈-丁二烯-苯乙烯	POM	聚甲醛
AS	丙烯腈-苯乙烯	PP	聚丙烯
EP	环氧树脂	PPO	聚苯醚
HDPE	高密度聚乙烯	PP-R	无规共聚聚丙烯
LDPE	低密度聚乙烯	PS	聚苯乙烯
MDPE	中密度聚乙烯	PSU	聚砜
PA	聚酰胺	PTFE	聚四氟乙烯
PBT	聚对苯二甲酸丁二(醇)酯	PU	聚氨酯
PC	聚碳酸酯	PVC	聚氯乙烯
PE	聚乙烯	RP	增强塑料
PET	聚对苯二甲酸乙二(醇)酯	TPU	热塑性聚氨酯
PF	酚醛塑料	UF	脲醛树脂
PMMA	聚甲基丙烯酸甲酯	UP	不饱和聚酯

4.3.1 聚乙烯塑料（PE）

聚乙烯塑料可以说是目前产量最大的一种通用塑料，属热塑性塑料。聚乙烯塑料外观呈半透明白色状，密度较小，有似蜡的触感，无毒无味，具有良好的化学稳定性、耐寒性和电绝缘性，易加工成型。但聚乙烯塑料的机械强度不高，质软且成型收缩大，耐热性、耐老化性较差，其表面不易粘贴和进行印刷。聚乙烯塑料制品种类繁多，主要可用吹塑、挤出、注射等成型方法生产薄膜、型材、各种中空制品和注射制品等，广泛用于农业、电子、机械、包装、日用品等方面（图 4-45）。

根据密度不同，聚乙烯主要可分为低密度聚乙烯、中密度聚乙烯、高密度聚乙烯。

低密度聚乙烯（LDPE），密度一般在 $0.910 \sim 0.926 \mathrm{g/cm^3}$，分子量较小，质轻且柔软，耐寒性、耐化学性、弹性和透明度好，但硬度低、刚性差，主要用于对强度要求不高的生活用品、玩具、小型容器，要求具有良好密封性的罩、盖以及较大容量的滚塑容器等。

高密度聚乙烯（HDPE），密度在 $0.940 \sim 0.965 \mathrm{g/cm^3}$，分子量较大，具有相对较高的机械强度，质地坚硬，耐热耐磨性好。可用于奶瓶、药瓶、食品瓶、化妆品瓶等中空容器，也可用于受力不大的机械部件。高流动性的高密度聚乙烯可用来生产具有高抗冲击能力的薄壁食品容器，甚至是汽车油箱、运输箱、垃圾箱等。

中密度聚乙烯（MDPE），密度和性能介于高密度聚乙烯和低密度聚乙烯两者之间，既保持了 HDPE 的刚性，又保持了 LDPE 的柔性、耐化学性，它很好

图 4-45　聚乙烯产品

地平衡了冲力、拉力与硬度，除了可用于前面二者涉及的产品领域外，在制造配气管、配水管、通信和电缆护套方面也具有一定优势。

4.3.2　聚丙烯塑料（PP）

聚丙烯塑料是通用塑料中综合性能非常优异的一种，它产量大、应用广，属热塑性塑料。聚丙烯是一种半结晶材料，比聚乙烯具有更好的机械强度和刚性，且具有更高的熔点。外观呈乳白色半透明，无毒无味，质轻，耐弯曲疲劳性优良，化学稳定性和电绝缘性好，成型尺寸稳定，热膨胀性小。但聚丙烯塑料的耐低温性能较差，易老化。

常用的聚丙烯成型加工方法有吹塑、挤出、注射、压制、热成型、发泡等。聚丙烯塑料因其良好的物性、相对低廉的价格，以及制品表面光洁、透明、硬度和刚性好等优点，广泛应用于汽车、家电、包装、化工、机械、家用器具、文体用品以及医疗卫生等领域。例如汽车的方向盘、仪表板、内饰件、冷却风扇、散热片、车灯、挡泥板等，冰箱、电视机的外壳，洗衣机的槽桶，等等。聚丙烯在食品卫生学上属于安全的塑料品种，具有良好的卫生性，因此也常被应用于日常生活中的餐具、盆、桶、杯子、盒子、玩具，还有医用注射器等（图4-46）。

图4-46 聚丙烯塑料产品

4.3.3 聚苯乙烯塑料（PS）

聚苯乙烯塑料是最早进行工业化生产的热塑性塑料之一。大多数商业用聚苯乙烯塑料是透明非晶体材料，易着色。它具有非常好的几何稳定性、热稳定性、透光性、电绝缘性以及很微小的吸湿倾向。它能够抵抗水、稀释的无机酸，但能够被强氧化酸（如浓硫酸）所腐蚀，并且会在一些有机溶剂中膨胀变形。聚苯乙烯制品尺寸稳定，具有一定的机械强度，但质脆易裂，抗冲击性差，耐热性差。

聚苯乙烯塑料的加工性好，可用注射、挤出、吹塑等方法加工成型。主要用来生产绝缘材料、玩具、文具用品、模型、光学零件以及日常用品等。聚苯乙烯经发泡处理后可制成泡沫塑料，片材常用于硬包装领域。改性后的耐冲击聚苯乙烯也被大量用于家电机壳、电器用具、冰箱内衬等。

PS和PP一样都是成本较低的塑料，我们对比一下PP和PS（表4-3）。

表4-3 PP和PS对比

材质	透光率	硬度	热稳定性	表面涂装	尺寸稳定性
PP	40%	较软	较优	难	收缩率2%
PS	90%	较硬	较差	容易	收缩率0.4%
备注	如果产品对透明度有要求，可以选择透光率较好的PS，譬如透明的收纳盒、餐盒的透明盖	可以根据产品软硬需求选择，譬如汤勺选用PP，塑料刀叉选用PS	因为PS为非晶体材料，热稳定性较差，会析出有毒物质，不适合用PS做喝热汤的汤勺	PS较容易进行染色加工，可以进行喷漆、印刷等表面涂饰。产品有特殊要求时，PS会是很好的选择	PS尺寸较容易控制

PS分类见表4-4。

表 4-4　PS 分类

分类	特性	应用
GPPS	透明、硬、脆	文具、餐具、日常用品
HIPS(GPPS＋橡胶)	不透明、较耐冲击	玩具、3C 电子产品
EPS 发泡类	质地轻、保温效果佳	保利龙泡沫材料

GPPS 用作文具产品的优势：

① 价格便宜；

② 容易染色和进行表面涂装；

③ 尺寸稳定。

如图 4-47。

图 4-47　GPPS 产品

　　HIPS 为 GPPS 的改性材料，分子中含有 5％～15％的橡胶成分，其韧性比 PS 提高了四倍左右，可做电视机外壳、音响壳体、电子类产品壳体等注塑件（图 4-48）。

图 4-48　HIPS 产品

HIPS（GPPS＋橡胶）用作玩具产品的优势：

① 抗冲击强度比 PS 好；

② 虽然价格比 PS 高，但是耐用度高；

③ 尺寸稳定；

④ 价格比 ABS 便宜，可以用 HIPS 替代 ABS 电子产品外壳。

EPS（发泡类）是将发泡剂加入 PS 中，通过加热将发泡剂膨胀 30～50 倍，EPS 里面约 90% 是空气，质地轻、耐冲击、隔热性好，常被用于冰激凌盒、隔热材料、鱼箱、缓冲材料（图 4-49）。缺点是不易回收。建议用纸类材料代替 EPS 材料。家具商用聚苯乙烯发泡珠粒做懒人沙发，但是 EPS 材料太轻了，体积还大，因此不易回收。

图 4-49　发泡材料解决冷藏药品运输的问题

4.3.4　聚氯乙烯塑料（PVC）

聚氯乙烯塑料的生产量仅次于聚乙烯塑料和聚丙烯塑料，在各领域中得到广泛应用（图 4-50）。聚氯乙烯塑料价格便宜，综合性能优良，具有良好的电绝缘性和耐化学腐蚀性。聚氯乙烯虽具有良好的阻燃性，但是热稳定性较差，特别是在分解时还会放出有刺激性、腐蚀性的氯化氢。

聚氯乙烯塑料适合于注射、挤出、压延等成型加工工艺，常见的聚氯乙烯有硬质和软质两类。硬质聚氯乙烯塑料机械强度高，经久耐用，可作为结构材料使用，如结构件、壳体等，也可作为建筑用材，如板材、管材、异型材等。软质聚氯乙烯塑料质地柔软，多用作日用消费品、密封材料、装饰材料等，例如雨具、薄膜、人造革、壁纸、窗帘、软管和电线套管等。PE 和 PVC 常被用于生产塑料膜，但在用于食物保鲜膜时，一般选择 PE，因为 PVC 在高温情况下会释放有害物质，不利于人们的健康。

图 4-50　PVC 塑料产品

4.3.5　聚甲基丙烯酸甲酯塑料（PMMA）

聚甲基丙烯酸甲酯塑料又称有机玻璃或亚克力，它是一种具有优秀的透明度和光泽度、耐水性、耐候性及电绝缘性，易着色的热塑性塑料。但是有机玻璃耐热性不佳、表面硬度低、耐磨性差，易被划伤和磨毛，因此常常针对这些缺点对其进行改性。

有机玻璃可由注射、挤出、压制等工艺加工成型，可以说它绝大部分的应用都与其卓越的光学性能有关，故常被用于透明制品、装饰制品等，如风挡、灯具、包装材料、洗涤器皿、办公设备、文具、透明家具、广告展示、仪器仪表、手机镜片、模型等（图 4-51）。

图 4-51　PMMA 塑料产品

4.3.6　酚醛塑料（PF）

酚醛塑料是最早投入工业化生产的塑料材料之一，至今仍被广泛应用，属热固性塑料。它是由酚醛树脂加入填料、固化剂、润滑剂等添加剂，分散混合成压塑粉，经热压加工而得的，俗称电木或胶木。酚醛塑料有很好的机械强度，热强度亦很好，耐湿性、耐腐蚀性良好，易于加工且价格低廉；纯净的酚醛树脂较脆，颜色单调，多呈暗红色或黑色。

酚醛塑料的应用以电子、电气工业为主，其次是家用物品、仪表和汽车工业，也可用于制作装饰品。此外，酚醛泡沫塑料可作隔热、隔声材料和抗振包装材料（图4-52）。

图 4-52　PF 塑料产品

4.3.7　ABS 塑料

ABS 塑料是丙烯腈-丁二烯-苯乙烯共聚物的简称，俗称耐摔胶，它综合了丙烯腈（A）、丁二烯（B）、苯乙烯（S）3 种组分的性能。丙烯腈组分在 ABS 中表现的特性是耐热性、耐化学性、刚性、拉伸强度，丁二烯表现的特性是抗冲击强度，苯乙烯表现的特性是加工流动性、光泽性。这三组分的结合，优势互补，使 ABS 塑料具有优良的综合性能（表4-5）。

表 4-5　ABS 三组分比例及应用

	A 丙烯腈 高耐热	B 丁二烯 高韧性	S 苯乙烯 高流动	应用
一般级	35%	30%	35%	家用电话用一般级 ABS 就可以
耐热级	50%	25%	25%	吹风机需要使用高耐热材料,用耐热级 ABS
高韧性	25%	50%	25%	产品有耐撞性需求时,如安全帽,则选用高韧性 ABS
流动性	25%	25%	50%	如果是轻量化薄壳产品,用流动性好的流动性 ABS

A/B/S 三者还可以两两结合。比如 A＋B＝NBR 材料，可以做橡胶 O 形圈和手套（图 4-53）。

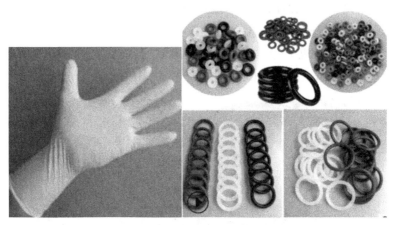

图 4-53　NBR 产品

B＋S＝SBR 材料，可以做潜水衣和鞋底材料（图 4-54）。

图 4-54　SBR 产品

A＋S＝SAN（SA）材料，因为有高耐油性和高透明度，因此常用作打火机外壳（图 4-55）。

当 ABS 三组分结合时，若比例不同，ABS 产品的物性会有变化。某种成分越高，ABS 的某种特性越明显。

总体说来，ABS 塑料具有刚性好、抗冲击强度高、耐热、耐低温、耐化学药品性好、机械强度和电气性能优良、易于加工、加工尺寸稳定性和表面光泽度好、容易涂装、易着色等特点，还可以进行喷涂金属、电镀、焊接和粘接等二次加工。调整 ABS 三组分的比例，其性能也随之发生变化，以适应各种应用的要求。

ABS 塑料的成型加工性好，可采用注射、挤出、热成型等方法成型，是一种应用广泛的通用热塑性工程塑料。其综合性能良好，且价格也比一般的工程塑料更低。ABS 塑料的主要用途是生产家电及电子通信类产品的壳体和零部件，如电脑、打印机、电扇、吸尘器、手机等；它的另一大用途是用于汽车零件，如手柄、仪表板、格栅等；此外，ABS 塑料的应用还涉及家具、医疗、装饰等领域。

图 4-55　SAN 产品

ABS 塑料对电镀具有较好的附着力，因此在工业设计中，常常会选用 ABS 塑料来进行电镀装饰和处理，以达到一定的金属化质感和功能。ABS 是比 HIPS（GPPS＋橡胶）更高一级的原料，这是因为 ABS 稳定性高、多样化，并且 ABS 是极性材料，适合表面涂装，非常适合有表面需求的产品。例如产品想要喷漆、印刷和电镀，这些涂层都可以和 ABS 有良好的结合。因此 ABS 被广泛用于日常用品和电子产品中。ABS 缺点是耐候性差，耐溶剂性差，热变形温度较低，放久容易发黄。因此 ABS 适合室内使用，适合用于无长期受力的物品（图 4-56）。

4.3.8　聚碳酸酯（PC）

聚碳酸酯是一种十分重要的热塑性工程塑料，俗称防弹胶，无毒无味，具有优良的物理性能，尤其是耐冲击性优异，拉伸强度、弯曲强度、压缩强度高，蠕变性小，尺寸稳定，耐热性、耐寒性和耐候性好，电性能良好，具有自熄性和高透光性，易于成型加工，是综合性能优良的工程塑料。其缺点在于因抗疲劳强度差，容易产生应力干裂，抗溶剂性差，耐磨性欠佳。

聚碳酸酯可采用注射、挤出、模压、吹塑、热成型等工艺进行成型加工，其耐冲击表现十分优异。PC 是一种无色透明且稳定性高的原料，它不但具有非结晶性原料的优点（透明），同时展现出高强度的特性（耐冲击、耐热性佳），非常适合用于具有高强度和高透光需求的产品。其主要应用领域涉及电子、电气、计算机、通信设备、办公设备、照明用具、汽车、建筑、医疗、包装、日用消费品等，十分广泛（图 4-57）。市场透光率最好的材料有 PS（透光率 90%）、PMMA

图 4-56　ABS 塑料产品

（透光率 92%）、PC（透光率 85%）。多数日常用品都用 PS 和 PMMA 制造，但这两种原料都不怎么耐摔，易碎，使用寿命没有 PC 长，因此虽然 PC 价格较高，但仍有无法取代的地位。

　　PC 有两个苯环，因此稳定性较高，耐冲击性也较好，并且耐热，但是它属于极性材料，非常容易吸湿，在烘干条件下进行加工，会出现水痕和气痕，因此 PC 在生产前一定要进行烘干。当 PC 干燥不佳时，产品不良率会大幅提高。因为它是非结晶材料，它的耐溶剂性、耐化学性、耐应力龟裂性不如结晶材料。另外 PC 流动性差，注射成型时需要较大的射出压力和一定的模具冷却温度才能成型，因此 PC 是对模具要求较高的材料。为减少不良率，必须对产品设计、模具结构和生产设备进行综合评估。

图 4-57　PC 塑料产品

4.3.9　聚酰胺（PA）

聚酰胺俗称尼龙，是典型的结晶性线型热塑性工程塑料。它通常为半透明或乳白色，具有很高的机械强度，耐热，耐磨损，具有自润滑性、吸着性和消声性，抗冲击性、耐溶剂性、电绝缘性良好，有自熄性，无毒无味，耐候性好。缺点是吸水性较大，从而影响其尺寸稳定性和电性能。它是工程类别的塑料，由于近几年普及化应用，逐渐使用在日用品和家电用品上（图 4-58）。它的刚性和韧性比通用塑料要好，且结构强度好，可以承受较大的力，常做工业零件和产品结构零件。

尼龙结构好是因为它有酰胺基，所以有很好的稳定性和耐热性，但酰胺基有亲水性，固尼龙的吸湿性特别高，因此在使用前需要用比较好的烘干设备进行烘干。一般采用除湿干燥机干燥。另外尼龙在注射成型后，产品会持续吸收空气中的湿气，让分子链加入水分，达到增韧的目的，俗称回水。经过回水的产品，尺寸会变大，这是塑料很少有的现象。

聚酰胺塑料加工性能好，可采用注射、挤出、浇铸、模压等方法成型，多用于汽车、机械、电器、纺织、体育用品、日常消费品、包装等领域，如电动工具外壳、

图 4-58　PA 塑料产品

设备开关、电缆接头、汽车挡泥板、保险杠、运动鞋等。

为了提高其物性和尺寸稳定性，常将玻璃纤维加入原料中，俗称尼龙加纤。由于尼龙是结晶性材料，加入纤维后物性和缩水率产生明显的变化。但是加入玻纤之后，产品原料结合度较差，因为玻纤配向问题会出现翘曲变形。纯尼龙与尼龙加纤性能对比见表 4-6。

表 4-6　纯尼龙与尼龙加纤性能对比

特性	纯尼龙	尼龙＋30％GF
拉伸强度/(kg/cm²)	800	1600
弯曲强度/(kg/cm²)	28000	80000
热变形温度/℃	70	215
缩水率/%	1.5	0.7

聚酰胺/黑色 30％玻璃纤维增强，具有超高的抗冲击性、刚度、耐油性。典型应用包括汽车安全气囊外壳和手提箱的外壳（图 4-59）。

图 4-59　汽车安全气囊外壳

4.3.10　聚氨酯（PU）

聚氨酯又称聚氨基甲酸酯，由于聚氨酯含有强极性氨基甲酸酯基团，调节配方中 NCO/OH 的比例，可以制得热固性聚氨酯和热塑性聚氨酯。可呈现硬质、软质或介于两者之间的性能，具有较好的耐磨性、耐老化性和耐油性，抗裂强度大，富有弹性和强韧性；其缺点在于易水解，耐酸碱性、耐沸水性较差。

聚氨酯应用范围较广，可用于制作运动鞋底、汽车轮胎、挡泥板、车内薄层蒙皮、工具手柄、密封件、建筑材料等（图 4-60）。

4.3.11　聚甲醛塑料（POM）

聚甲醛是一种高密度、高结晶性、外观为乳白色不透明的热塑性工程塑料，具有良好的着色性，较高的弹性模量，很高的刚性、硬度、拉伸强度和弯曲强度，耐蠕变性和耐疲劳性优异，耐磨性、尺寸稳定性、电绝缘性好；但其耐候性欠佳，热稳定性差，高温下易分解。

图 4-60　聚氨酯鞋底

多采用注射、挤出、吹塑及二次加工等方法制成各种塑料制件。在机械工业中，可代替有色金属及合金制作各种结构件，如齿轮、轴承、滑块等。在电子电气工业中，聚甲醛塑料主要用来制作精密件、耐磨件，比如电话机、照相机、电脑的控制部分、开关、电位器齿轮、继电器等。此外，它在建筑材料、仪器仪表、日常用品、运动器材方面也得到广泛应用（图 4-61）。

图 4-61　实验室玻璃器皿夹

4.3.12　聚对苯二甲酸乙二醇酯（PET）

聚对苯二甲酸乙二醇酯是乳白色或浅黄色、高度结晶的聚合物。表面平滑有光泽，电绝缘性优良，抗蠕变性、耐疲劳性、耐摩擦性、耐候性、尺寸稳定性都很好。缺点是不耐强酸、强碱，抗冲击性能差。

PET 瓶可以很容易地进行装饰并成型为各种形状和尺寸。它们的高清晰度可提供良好的产品可见性，并且易于着色以补充品牌和标签。当需要保护药品或保健食品等产品时，琥珀色的瓶子可提供很高的抗紫外线能力。

其主要的成型加工方法有注射、挤出、吹塑等，多用于制作磁带、胶片、包装薄膜及片材。用 PET 拉伸吹塑制得的容器瓶质轻且不易破碎，透明且富光泽，透气性差，多用于包装食品、药品和饮料等（图 4-62）。PET 玻璃纤维增强塑料具有优异的强韧性和耐热性，易成型加工，易着色，多用于制作汽车零部件、体育用品及建筑材料。吹塑成型的 PET 瓶比传统的玻璃瓶更轻巧且耐摔。

图 4-62　PET 瓶

4.3.13　泡沫塑料

泡沫塑料是由大量气体微孔分散于固体塑料中而形成的一类高分子材料，具有质轻、隔热、吸声、减振等特性，且介电性能优于基体树脂，用途很广。常用的发泡方法有机械法、物理法、化学法，可用注射、挤出、模压、浇铸等方法成型。

运用最广泛的泡沫塑料主要包括聚氨酯泡沫塑料、聚苯乙烯泡沫塑料和聚烯烃泡沫塑料三大类。

（1）聚氨酯泡沫塑料

聚氨酯泡沫塑料可分为软质和硬质两类。

软质聚氨酯泡沫塑料俗称"海绵"，为开孔型，具有良好的透气性、回弹性和吸水性，抗冲击性高，可作缓冲材料、吸声防振材料及过滤材料等，如床垫、坐垫等。

硬质聚氨酯泡沫塑料又称"黑料"，为闭孔型，具有较高的机械强度和耐热性，热导率低，多用作隔热保温、隔声、防振材料，如冰箱、冷库的保温材料。

聚氨酯用于汽车制造，可以减轻车身重量并减少驾驶员和乘客的负担，大大提高了汽车的"行驶里程"，提高了燃油经济性、舒适性、耐腐蚀性、绝缘性和吸声性（图 4-63）。

（2）聚苯乙烯泡沫塑料

聚苯乙烯泡沫塑料俗称保利龙。聚苯乙烯泡沫塑料具有闭孔结构，吸水性很

图 4-63　聚氨酯泡沫塑料产品

小，耐低温性好，耐冻性好，因此广泛用于制冷设备和冷藏设备中，如冷冻机、冷风机、冷风管道、冷冻车间、冷藏车、冷藏库、冷藏船舱等。聚苯乙烯泡沫塑料具有重量轻、无毒、有一定弹性、可以成型、价格便宜等优点，因此被广泛用于各种精密仪器、仪表、贵重物品、水产品、水果等的包装。聚苯乙烯泡沫塑料轻，极易进行切割、雕刻、黏结，制成各种复杂形态的模型，广泛用于展览、商店的装饰、造型材料，也可用来制作各种教学模型。聚苯乙烯泡沫塑料抗酸碱腐蚀，可用于各种用途的管道保温。

（3）聚烯烃泡沫塑料

聚烯烃泡沫塑料主要包括聚乙烯泡沫塑料和聚丙烯泡沫塑料。聚烯烃泡沫塑料的综合性能和经济成本介于聚氨酯泡沫塑料与聚苯乙烯泡沫塑料之间。其中耐化学性、耐水性、热加工性优于聚氨酯泡沫塑料，耐热性、耐低温性、压缩永久变形性优于聚苯乙烯泡沫塑料。

图 4-64　聚丙烯泡沫塑料产品

聚乙烯泡沫塑料的主要用途是包装材料，可用于水果、玻璃器皿、家具、电器等的包装，也可作为缓冲材料、绝热材料和漂浮材料。聚丙烯泡沫塑料具有良好的热稳定性和高温下的尺寸稳定性，可以制成耐沸水和用于微波加热的食品容器，也可作为包装材料、隔声材料、缓冲材料等（图 4-64）。

· 习　　题 ·

习题 4-1　拟制作一个成人塑料透明水杯，请分析可选用哪些种类的塑料？

习题 4-2　如何根据塑料产品的主要用途进行塑料选择？

习题 4-3　请比较 PE 和 PVC 两种塑料，并对其市场应用进行调查。

微信扫码立领

☆配套思考题及答案
☆工业产品彩图展示
☆读者学习资料包
☆读者答疑与交流

第5章 无机非金属材料

5.1 陶瓷

5.1.1 陶瓷概述

陶瓷是人类最早利用的材料之一，也是最早利用的非天然材料。从传统工艺含义来说，陶瓷是指将黏土一类的物料经过成型及高温处理变成有用的多晶体材料。

陶瓷的产生和发展，可以说是中国灿烂的古代文化的重要组成部分。早在公元前 5000—前 3000 年的新石器时代，中国就有了带红色、灰色或黑色的彩陶。夏朝出现了以含杂质较少的黏土烧制的白陶器，胎质坚硬、细腻，标志着制陶业的新发展。商代中期已创造出原始瓷器，比陶器含氧化铁少，坯体的烧成温度也较高，瓷坯具有更好的强度、透明度和白度。这些原始瓷器的另一特点是在表面施有薄釉层。在东汉时期出现了瓷器。到了隋唐五代，瓷器的使用已很普遍，制品以青瓷为主，远销南亚、东南亚、中东以及日本等地，其中以唐代的唐三彩最为著名。宋代已有柴窑、汝窑、官窑、哥窑、定窑五大名窑，所制瓷器远销欧洲。到了明代，江西景德镇开始成为瓷业中心，并有专门为皇室烧制瓷器的瓷厂。清代在乾隆以后，陶瓷生产逐渐低落，制品质量也逐渐下降。新中国建立后，伴随着改革开放的春风，陶瓷工业又开始有了新的发展，恢复了失传已久的传统名瓷如龙泉青瓷，以及名贵色釉如钧红、天青、郎密红等的生产。工业陶瓷如高压电瓷、建筑卫生陶瓷、化工陶瓷及某些特种陶瓷都有了较大的发展。

随着近代科学技术的发展，陶瓷材料得到了广泛的应用，一个以高技术陶瓷为标志的新时代已经到来。它们不再使用或很少使用黏土、长石、石英等传统陶瓷原料，而是使用其他特殊原料，甚至扩大到非硅酸盐、非氧化物的范围，并且出现了许多新的工艺。

陶瓷材料的分类方法较多，下面介绍几种常见的分类方法。

（1）按照陶瓷材料的性能功用可将陶瓷分为普通陶瓷和特种陶瓷两类

① 普通陶瓷又称传统陶瓷，主要由如前面所提到的黏土、长石、石英、高岭土等天然硅酸盐矿物原料烧结而成。例如日用陶瓷、建筑陶瓷、艺术陶瓷都属于普通陶瓷范畴。

② 特种陶瓷又称为精细陶瓷、先进陶瓷、工业陶瓷。由于天然硅酸盐原料中含杂质较多，不能满足特种陶瓷性能上的要求，故常用其他非硅酸盐类化工原料或人工合成原料，如氧化铝、氧化铅、氧化钛等氧化物等和氮化硅、碳化硼等非氧化物制造。特种陶瓷具有高强度、高硬度、高韧性、润滑性、磁性、透光性、耐腐蚀性、导热性、隔热性、集热性、导电性、绝缘性、半导体特性以及压电、光电、电光、声光、磁光等性能，在现代工业技术，特别是在高新技术领域中的地位日趋重要。

（2）按照陶瓷制造方式不同可分为陶器、炻器、瓷器三大类

① 陶器。陶器是指以黏土为胎，经过手捏、轮制、模塑等方法加工成型后，在高温下焙烧而成的产品，品种有灰陶、白陶、红陶、彩陶和黑陶等。

陶器分粗陶和精陶两种。粗陶的坯料由含有杂质较多的砂黏土组成，建筑上的砖、瓦、陶管等属于这一类产品。精陶是坯体呈白色或象牙色的多孔制品，一般需要两次烧成。与瓷器比较，精陶对原料的要求较低，坯料的可塑性较大，烧成温度较低且不易变形，因而可以简化制品的成型、装钵和其他工序。但精陶的机械强度和抗冲击强度不如瓷器和炻器，同时它的釉相对较软，当它的釉层损坏时，多孔的坯体极易被污染而影响卫生。精陶按坯体组成的不同分为黏土质、石灰质、长石质、熟料质四种。长石质精陶又称硬质精陶，它以长石为熔剂，是最完美和使用最广的一类陶器，多用于生产日用餐具及卫生陶器以代替价昂的瓷器。熟料质精陶是在精陶坯料中加入一定量熟料，目的是减少收缩，降低废品率。这种坯料多应用于大型和厚胎制品，如浴盆、大的盥洗盆等（图 5-1）。

② 炻器。亦称缸器，是介于陶器和瓷器之间的一种上光制品，如水缸等，质地较坚硬，与瓷器相似，多为棕色、黄褐色或灰色。由于坯料中含较多的伊利石类土，易于致密烧结，无釉制件也不透水，无透光性，许多化工陶瓷和建筑陶瓷属于炻器范围。炻器按其坯体的细密性、均匀性及粗糙程度分为粗炻器和细炻

图 5-1　陶器

器两大类。建筑工程用的外墙面砖、地面砖等属于粗炻器。日用陶瓷和陈设品属于细炻器，如紫砂壶就属于细炻器。炻器餐具能适用机械化洗涤。

③ 瓷器。瓷器可以说是陶瓷发展的更高阶段，它是一种由瓷石、高岭土等组成，外表施有釉或彩绘的物器，如图 5-2 所示是一个青花瓷餐具。瓷器的成型要经过高温烧制。

图 5-2　青花瓷餐具

瓷器表面的釉会因为温度的不同而发生各种化学变化。瓷器的特征在于其坯体已完全烧结、完全玻化，因此很致密，对液体和气体都无渗透性，胎薄处可呈半透明，面呈贝壳状。在使用瓷质餐具时，假如以舌头去舔，能感到光滑而不被粘住。瓷器按主要熔剂原料不同可分为长石质瓷、滑石瓷、骨灰瓷等，按烧成温度和瓷坯硬度分为硬质瓷和软质瓷等。硬质瓷具有陶瓷中最好的性能，用以制造高级日用器皿、电瓷、化学瓷等。软质瓷的熔剂较多，烧成温度较低，因此机械强度不及硬质瓷，热稳定性也较低，但其透明度高，富有装饰性，所以多用于制造艺术陈设瓷（图 5-3）。

综合看来，以陶器和瓷器为主要比较对象，陶器和瓷器的主要区别表现在：

a. 陶器的胎料是普通的黏土，瓷器的胎料则是瓷土，即高岭土。

b. 陶胎含铁量一般在 3% 以上，瓷胎含铁量一般在 3% 以下。

c. 陶器的烧成温度一般在 900～1050℃ 左右，瓷器则需要 1280～1400℃ 的高温才能烧成。

图 5-3 瓷器

d. 陶器多不施釉或施低温釉，瓷器则多施釉。

e. 陶器胎质粗疏，断面吸水率高。瓷器经过高温熔烧，胎质坚固致密，断面基本不吸水，敲击时会发出铿锵的金属声响。

f. 陶器的坯体即使很薄也不具备半透明性。

5.1.2 陶瓷的性能

陶瓷制品的种类很多，随着用途不同，其性能要求也不一样。日用陶瓷强调白度与强度，电瓷要求提高绝缘性，化工陶瓷除了应有极高的耐腐蚀性、机械强度、抗冲击强度外，还要能够经受急冷急热的温度变化。

（1）光学性能

陶瓷的光学性能包括白度、透光度和光泽度。白度指陶瓷材料对白光的反射能力。透光度是指陶瓷允许光透过的程度，常用透过瓷片的光强度与入射在瓷片上的光强度之比来表示。光泽度指陶瓷表面对可见光的反射能力。光泽度取决于陶瓷表面的平坦与光滑程度。

（2）力学性能

陶瓷材料最突出的缺点是脆弱，在外力的作用下不发生显著的塑性变形即产生破坏，抗压强度很高，但是稍受外力冲击便发生脆裂，这使陶瓷材料的应用受到局限；陶瓷材料的硬度很高，有些陶瓷具有超硬的特点，可用作刀具材料。

（3） 独特的物理化学性

陶瓷材料耐高温，是电和热的不良导体，能承受外界温度急剧变化而不损坏。具有良好的耐酸能力，能耐有机酸和无机酸及盐的侵蚀，但是抵抗碱的能力较弱。

（4） 气孔率与吸水率

气孔率是指陶瓷制品所含气孔的体积与制品体积的比例，气孔率的高低和密度的大小是鉴别和区分各种陶瓷的重要标志。吸水率则反应陶瓷制品烧结后的致密程度，根据陶瓷制品的用途不同而异。

5.1.3 陶瓷的加工工艺

一般陶瓷的加工是指以黏土为主要原料，经成型、焙烧，制取陶器、炻器、瓷器等陶瓷制品的生产过程。普通陶瓷制品与特种陶瓷制品的制造工艺基本相同，生产流程比较复杂，但一般都包括原料配制、坯料成型和窑炉烧结三个主要工序。

（1） 原料配制

原料的配制对于制备陶瓷材料至关重要，原料在一定程度上决定着陶瓷制品的质量和工艺流程及工艺条件的选择。

陶瓷原料主要包括以下几类。

① 黏土。黏土是由多种矿物组成的混合物，是陶瓷坯体生产的主要原料。常见的黏土有高岭土、黏性土、瘠性黏土、页岩等。高岭土是最纯的黏土，可塑性低，烧后颜色从灰到白色。黏性土为次生黏土，颗粒较细，可塑性好，含杂质较多。瘠性黏土较坚硬，遇水不松散，可塑性小，不易成可塑泥团。页岩性质与瘠性黏土相仿，但杂质较多，烧后呈灰、黄、棕、红等色。

黏土工艺性质是稳定陶瓷生产的基本条件。黏土之所以作为陶瓷制品的主要原料，是由于它赋予泥料可塑性、烧结性等良好的工艺性质。

② 石英。石英主要成分为 SiO_2，在陶瓷工业中常用的石英类原料有脉石英、砂岩、石英岩、石英砂、燧石、硅藻土等。石英在高温时发生晶型转变并产生体积膨胀，可以部分抵消坯体烧成时产生的收缩，同时，石英可提高釉面的耐磨性、硬度、透明度及化学稳定性，有利于釉面形成半透明玻璃体，提高白度。

③ 长石。长石在陶瓷生产中可作助熔剂，以降低陶瓷制品的烧成温度。它与石英等一起在高温熔化后形成的玻璃态物质是釉彩层的主要成分。

④ 滑石。滑石的加入可改善釉层的弹性、热稳定性、加宽熔融的范围，也可使坯体中形成含镁玻璃，这种玻璃湿膨胀小，能防止后期龟裂。

⑤ 硅灰石。硅灰石在陶瓷中使用较广，加入制品后，能明显地改善坯体收缩、提高坯体强度和降低烧结温度。此外，它还可使釉面不会因气体析出而产生釉泡和气孔。

根据对陶瓷制品品种、性能和成型方法的要求，以及原材料的配方和来源等因素，可选择不同的坯料制备工艺流程，一般包括煅烧、粉碎、除铁、过筛、称量、混合、搅拌、泥浆脱水、练泥与陈腐等工艺。制备时，要求坯料中各组成成分充分混合均匀，颗粒细度应达到规定的要求，并且尽可能无空气气泡，以免影响坯料的成型与制品的强度。

（2）坯料制备

配料后应根据不同的成型方法，混合制备成不同形式的坯料。如用于注浆成型的水悬浮液，用于热压注成型的热塑性料浆，用于挤压、注射、轧膜和流延成型的含有机增塑剂的塑性料，用于干压或等静压成型的造粒粉料。混合一般采用球磨或搅拌等机械混合法。

（3）陶瓷的成型

成型是将坯料制成具有一定形状和规格的坯体。成型技术与方法对陶瓷制品的性能具有重要意义。由于陶瓷制品品种繁多，性能要求、形状规格、大小厚薄不一，产量不同，所用坯料性能各异，因此采用的成型方法多种多样，应经综合分析后确定。

① 可塑成型。可塑成型是基于陶瓷坯料的可塑性，利用模具或刀具的运动所造成的压力、剪力、挤压等外力对坯料进行加工，迫使其在外力作用下可塑变形而制成坯体的成型方法。这种坯料含水率一般为 $18\%\sim26\%$，应有较高的屈服值，使成型时坯形足够稳定；同时也应有较大延伸变形量，以保证成型时坯料不拆裂。按操作方法不同可塑成型可分为拉坯、旋压、滚压、印坯、雕镶等。

a. 拉坯。拉坯是在由人力或动力驱动的辘辘机上，完全由人手工操作，拉制出生坯的成型方法（图5-4）。拉坯时要求坯料柔软，延伸变形量要大些，因此，拉坯时的坯料含水率较高。拉坯工艺由手工操作，不用模型，劳动强度大，技术水平要求高；制品尺寸精度不高，易产生变形。适用于生产批量较小、器形简单的陶瓷器。目前拉坯成型虽不作为主要生产手段，但在特殊情况下仍然使用。

图 5-4　拉坯成型

b. 旋压。旋压是用样板刀使放置在旋转石膏模型中的可塑性坯料受到挤压、刮削和剪切的作用而形成坯体的方法。旋压成型分阴模成型和阳模成型两种。阴模成型的石膏模内凹，模内放坯料，模型内壁决定坯体外形，样板刀决定坯体内部形状，多用于杯、碗等器形较大、内孔较深、口径小的产品的成型。阳模成型的石膏模凸起，模上放坯料，模型的凸面决定坯体的内表面，样板刀旋转决定其外表面，多用于盘、碟等器形较浅、口径较大的产品的成型。旋压成型的成型设备简单，是日用陶瓷的主要成型方法之一，但坯料受挤压，排列混乱，坯体密度小，含水率高，产品易变形。

c. 滚压。用旋转的滚头对同方向旋转的模型中的可塑坯料进行滚压，使坯料均匀展开可获得坯体。滚压可分为阴模成型和阳模成型，也可按工作时的温度不同分为热滚压和冷滚压。滚压成型所用泥料含水率为 20％～22％，成型时既有滚压又有滑动，主要受压延力作用。使用滚压成型时坯料受到的压力较大而且均匀，因此制品变形小。日用陶瓷生产中，阳模热滚压成型法较为理想。滚压成型机种类很多，按结构不同可分为固定式、转盘式、往复式、椭圆链式及万能滚压成型机等。

d. 印坯。印坯是人工用可塑软泥在模具中翻印制品的方法，通常适用于形状不对称与精度要求不高的制品。而当要求制品表里均有固定形状或两面均有凹凸花纹时，则更多地选用阴阳模型压制成型，也可将两部分单面压制后用泥浆黏结起来。印坯最大的优点是不需要机械设备即可成型坯体，但这种成型方法生产效率低，且常由于施压不均匀而产生缺陷，使得废品率提高。

e. 雕镶。雕镶是通过手工捏制、雕削、镶嵌、黏结坯料而制成坯体的方法，多用于一些特殊器形的成形。比如一些方形的尊、炉就可以采用这种方式成型，将泥坯先制成坯板，切成适当的条块，干燥后利用刀、尺等工具进行修、削以制成适当的样式和厚度，再根据要做器物的形状用泥浆把各块坯条黏结起来，最后修理表面而成型。

雕镶的方法对手工技能要求高，生产效率低。

② 浇注成型。陶瓷原料粉体悬浮于水中制成料浆，然后注入模型内成型。坯体的形成主要有注浆成型（由模型吸水成坯）、凝胶注模成型（由凝胶原位固化）等方式。

a. 注浆成型。注浆成型是将陶瓷悬浮料浆注入多孔质模型内，借助模型的吸水能力将料浆中的水吸出，从而在模型内形成坯体。其工艺过程包括悬浮料浆制备、模型制备、料浆浇注、脱模取件、干燥等阶段（图 5-5）。

首先是悬浮料浆的制备，这是注浆成型工艺的关键工序。注浆成型料浆是由陶瓷原料粉体和水组成的悬浮液。为保证料浆的充型及成型性，利于得到形状完整、表面平滑光洁的坯体，减少成型时间和干燥收缩，减小坯体变形与开裂等缺陷，要求料浆具有良好的流动性、足够小的黏度（$<1\text{Pa·s}$）、尽可能少的含水量、弱的触变性（静止时黏度变化小）、良好的稳定性（悬浮性）及良好的渗透（水）性等性能。新型陶瓷的原料粉体多为瘠性料，必须采取一定措施，才能使料浆具有良好的流动性与悬浮性，单靠调节料浆水分是不可能的。

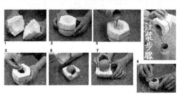

图 5-5　注浆成型

注浆有实心注浆和空心注浆两种基本方法。另外，铸造、离心铸造等工艺方法也被用于注浆成型，并形成了压力注浆、真空注浆与离心注浆等强化注浆方法。

实心注浆是料浆注入模型后，料浆中的水分同时被模型的两个工作面吸收，注件在两模之间形成，没有多余料浆排出。

空心注浆是料浆注入模型后，由模型单面吸浆，当注件达到要求的厚度时，排出多余料浆而形成空心注件。坯体外形由模型工作面决定，坯体的厚度则取决于料浆在模型中的停留时间。

强化注浆是在注浆过程中，人为地对料浆施加外力，以加速注浆过程，提高吸浆速度，使坯体致密度与强度得到提高。强化注浆法分为真空注浆、离心注浆和压力注浆等。

b. 凝胶注模成型。首先将陶瓷细粉加入含分散剂、有机高分子化学单体（如丙烯酰胺与双甲基丙烯酰胺）的水溶液中，调制成低黏度、高固相含量（陶瓷原料粉的体积分数通常达 50％以上）的浓悬浮料浆；再将聚合固化引发剂（如过硫酸盐）加入料浆混合均匀，在料浆固化前将其注入无吸水性的模型内；在所加引发剂的作用下，料浆中的有机单体交联聚合成三维网状结构，使浓悬浮料浆在模型内原位固化成型。

③ 压制成型。压制成型是将经过造粒的粒状陶瓷粉料，装入模具内直接受压力而成型的方法。

a. 造粒。造粒即制备压制成型所用的坯料，它是在陶瓷原料细粉中加入一定量的增塑剂（如 4％～6％的浓度为 5％的聚乙烯醇水溶液，作用是使本无塑性的坯料具有可塑性），制成粒度较粗（约 20 目）、含一定水分、具有良好流动性的团粒，以利于陶瓷坯料的压制成型。

新型陶瓷用粉料的粒度，应是愈细愈好，但太细对成型性能不利。造粒质量好坏直接影响成型坯体及烧结体的质量，所以造粒是压制成型工艺的关键工序。

在各种造粒方法中，喷雾干燥法造粒的质量最好，且适用于现代化大规模生产，目前已广为采用。喷雾干燥造粒法是将混合有适量增塑剂的陶瓷原料粉体预先调制成浆料（方法同注浆成型浆料的调制），再用喷雾器喷入造粒塔进行雾化和热风干燥，出来的粒子即为流动性较好的球状团粒。

b. 压制方法。主要有干压成型、等静压成型和热压烧结成型等。

干压成型是将造粒制备的团粒（水的质量分数<6％），松散地装入模具内，在压机柱塞施加的外压力作用下，团粒产生移动、变形、粉碎而逐渐靠拢，所含气体同时被挤压排出，形成较致密的具有一定形状、尺寸的压坯，然后卸模脱出坯体。优点：操作方便，生产周期短，效率高，易于实现自动化生产，适宜大批量生产形状简单（圆截面形、薄片状等）、尺寸较小（高度为 0.3～60mm、直径5～50mm）的制品。由于坯体含水或其他有机物较少，因此坯体致密度较高，尺寸较精确，烧结收缩小，瓷件力学强度高。缺点：干压成型坯体具有明显的各向异性，也不适于尺寸大、形状复杂制品的生产；所需的设备、模具费用较高。

等静压成型是利用液体或气体介质均匀传递压力的性能，把陶瓷粒状粉料置于有弹性的软模中，使其受到液体或气体介质传递的均衡压力而被压实成型的一种新型压制成型方法。特点：坯体密度高且均匀，烧结收缩小，不易变形，制品强度高、质量好，适于形状复杂、较大且细长制品的制造，但等静压成型设备成本高。分为冷等静压成型与热等静压成型两种。

热压烧结是将干燥粉料充填入石墨或氧化铝模型内，再从单轴方向边加压、边加热，使成型与烧结同时完成。由于加热加压同时进行，陶瓷粉料处于热塑性状态，有利于粉末颗粒的接触、流动等过程的进行，因而可减小成型压力，降低烧结温度，缩短烧结时间，容易得到晶粒细小、致密度高、性能良好的制品。

④ 热压铸成型。也叫热压注成型。利用蜡类材料热熔冷固的特点，将与配料混合后的陶瓷细粉与熔化的蜡料黏合剂加热搅拌成具有流动性与热塑性的蜡浆，在热压注机中用压缩空气将热熔蜡浆注满金属模空腔，蜡浆在模腔内冷凝形成坯体，再行脱模取件。热压铸工艺的优点在于可成型形状复杂的陶瓷制品，尺寸精度高，几乎不需要后续加工，是制作异型陶瓷制品的主要成型工艺；相比其他陶瓷成型工艺，生产成本相对较低，对生产设备和操作环境要求不高；成型时间短，生产效率高；原料适用性强，如氧化物、非氧化物、复合原料及各种矿物原料均可适用。

热压铸工艺的缺点在于气孔率高，内部缺陷相对较多，密度低，制品力学性能和性能稳定性相对较差；因受脱蜡限制，难以制备厚壁制品；不适合制备大尺寸陶瓷制品；难以制造高纯度陶瓷制品；需要脱蜡环节，增加了能源消耗和生产时间。

热压铸工艺主要用于生产中小尺寸和结构复杂的结构陶瓷、耐磨陶瓷、电子陶瓷、绝缘陶瓷、耐热陶瓷、耐腐蚀陶瓷、耐热震陶瓷、纺织陶瓷、密封陶瓷等制品。

（4）坯体干燥

排出坯体中的水分的工艺过程称为干燥。干燥的目的在于使坯体获得一定的强度以适应运输、修坯、黏结、施釉等加工要求，避免在运输过程中产生变形和损坏，或在烧成时因水分汽化而造成坯体开裂。因此，成型后的坯件必须进行干燥处理。同时，干燥处理也能提高坯体吸附釉彩的能力。

陶瓷的干燥是陶瓷生产工艺中非常重要的工序之一，陶瓷产品的质量缺陷有很大一部分是因干燥不当而引起的。按干燥是否需要控制可分为自然干燥和人工干燥，由于人工干燥是人为控制干燥过程，所以又称为强制干燥。如图 5-6 所示为坯体自然干燥。

陶瓷坯体常用的干燥方法有对流干燥、电热干燥、高频干燥、微波干燥、红

图 5-6　坯体自然干燥

外干燥、真空干燥、综合干燥等。

（5）陶瓷的装饰

① 陶瓷坯体装饰。陶瓷坯体装饰是指在陶或瓷的坯体上，利用坯体材料的特性，通过一定的工艺方式对陶瓷坯体本身进行加工所形成的有凹凸、虚实以及色彩变化的装饰。陶瓷坯体装饰中的凹凸、虚实变化，凹者柔、凸者刚，使陶瓷器物充满刚柔相济之美。

坯体装饰影响着器物造型的形体结构、节奏韵律，它展现了陶瓷特有的材质美和工艺美。

坯体装饰的传统工艺类型可分为堆贴加饰类、削刻剔减类、模具印纹类和其他工艺类型。

堆贴加饰类坯体装饰是在坯体表面增加泥量，并通过堆、贴、塑等工艺方式达到装饰目的。其中包含着雕塑粘接、堆贴、堆塑、立粉等装饰方法。

削刻剔减类坯体装饰是通过对坯体表面的切削、镂空、刻划等减去坯体泥量的工艺手段，构成装饰纹样或肌理。其中包含刻划、剔刻、梳篦纹、镂空、跳刀、高雕、玲珑瓷等装饰方法。

模具印纹类坯体装饰是利用坯体在柔软时的可塑性，用带花纹的拍子、印章、模子印出有凹凸质感的纹样。其中包含拍印、戳印、滚印、模印、贴花等方法。

传统的陶瓷坯体装饰中还有许多很有特色的装饰方法，如绞胎、研花、瓜棱纹、拉坯弦纹、镶嵌等。

② 陶瓷釉彩装饰。陶瓷的釉彩装饰是陶瓷制品艺术加工的重要形式，经过艺术加工的陶瓷制品可大大提高外观效果。

a. 施釉。陶瓷表面施釉处理是在陶瓷的表面绕结一层连续玻璃态物质的工艺方法。釉面层是由高质量的石英、长石、高岭土等为主要原料制成浆体，涂于陶瓷坯体表面二次烧成的连续玻璃质层，具有类似于玻璃的某些性质，但釉并不等于玻璃，二者是有区别的。

釉面层可以改善陶瓷制品的表面性能，使陶瓷器的机械强度、热稳定性、介电强度得到提高，同时可防止液体、气体的侵蚀。施釉面层的陶瓷制品表面平滑而光亮、不吸湿、不透气，易于清洗。

釉的种类繁多，组成也很复杂。按外表特征分类有透明釉、有色釉、乳浊釉、光亮釉、无光釉、结晶釉、砂金釉、碎纹釉、珠光釉、光泽釉、花釉、流动釉等。

常用的施釉方法有涂釉、浇釉、浸釉、喷釉、筛粘等。

b. 彩绘。彩绘就是在陶瓷制品表面用彩料绘制图案花纹，是陶瓷的传统装饰方法。彩绘有釉上彩绘和釉下彩绘之分，后来又有釉中彩绘之说。

釉上彩绘又称表绘或炉彩，是在烧好的陶瓷釉上用低温彩料绘制图案花纹，然后在较低温度下（600～900℃）二次烧成的（图 5-7）。由于釉上彩绘温度低，故使用颜料比釉下彩绘多，色调极其丰富。同时，釉上彩绘在高强度陶瓷体上进行，因此除手工画外，还可以用贴花、喷花、刷花等方法绘制，生产效率高，成本低廉，能工业化大批量生产。但釉上彩易磨损，表面有彩绘凸出感觉，光滑性差。此外需要特别注意的是，彩料中的铅会被酸溶出，如用于食具而被人摄入，会引起铅中毒。常见釉上彩有釉上红彩、宋加彩、五彩、粉彩、珐琅彩等。

釉下彩绘又称里绘或称窑彩。釉下彩绘是陶瓷器的一种主要装饰手段，是用色料在已成型晾干的素坯（即半成品）上绘制各种纹理，然后罩以透明釉或者其他浅色面釉，入窑高温（1200～1400℃）一次烧成。烧成后的图案被一层透明的釉膜覆盖，表面光亮柔和、平滑无凹凸，显得晶莹透亮。它的特点是彩料受到保护，不会磨损，彩料中对人体有害的金属盐类也不会溶出。我们通常看到的青花瓷、釉里红瓷、釉下三彩瓷、釉下五彩瓷等都属于釉下彩瓷。图 5-8 为釉下彩青花瓷。

除了上述这两种装饰方法，近年来发展起来的高温快烧陶瓷颜料是一种介于釉上和釉下之间的所谓釉中彩颜料，其装饰方法与釉上彩相似，称为釉中彩绘。在高温快烧的条件下，制品釉面软化熔融，使这种新颜料的颗粒渗入釉内，当冷

图 5-7　釉上彩

图 5-8　釉下彩青花瓷

却后釉面封闭，花色纹样便沉浸在釉中使外观变得细腻晶莹，颇有釉下彩的效果。釉中彩具有独特的风格，其色彩玉润柔和，制品耐磨损性能和抗腐蚀性能强，同时彻底解决了陶瓷器铅毒的危害。与釉下彩相比，工艺简便，烧成时间短，成品率高，劳动生产率高，而且便于机械化连续生产。

c. 贵金属装饰。这里说的贵金属装饰是用金、铂、钯或银等贵金属制成着色剂，在陶瓷器上作釉上装饰。金是最常见的装饰贵金属，使用时常制成金水、粉末金，有时也有液态磨光金。上金有亮金（描金与金边）、磨光金和腐蚀金等方法。

亮金装饰采用由硫化香膏与氯化金，并附加铋、铑和铬化合物溶制配合而成的金水，涂绘在瓷釉表面，经 700～850℃ 彩烧形成发光的亮金膜，膜厚仅 0.05～0.1μm，光亮夺目，但容易磨损。

磨光金装饰采用含金约 50%～70% 的胶态棕色细粒金彩料，混以稠化油，涂绘在瓷釉表面，经 700～800℃ 彩烧后成无光泽薄金，抛光后才发亮，因含金量高于亮金，因而经久耐用。

腐蚀金装饰又称雕金，用氢氟酸在瓷釉面上局部腐蚀出沉陷纹样，然后在整个釉面涂上金彩料，经烤烧，被腐蚀沉陷图绘部分凹陷无光，与未经腐蚀的光亮部分形成凹凸明暗的对比，互相衬托。腐蚀金装饰具有高雅富丽的艺术效果，适用于装饰高级细瓷及陈设瓷。

（6）烧结

烧结是对成型坯体进行低于熔点的高温加热，使其粉体间产生颗粒黏结，经过物质迁移导致致密化和高强度的过程。只有经过烧结，成型坯体才能成为坚硬的具有某种显微结构的陶瓷制品（多晶烧结体）。烧结对陶瓷制品的显微组织结构及性能有着直接的影响。

（7）后续加工

陶瓷经成型、烧结后，还可根据需要进行后续精密加工，使之符合表面粗糙度、形状、尺寸等精度要求，如磨削加工、研磨与抛光、超声波加工、激光加工甚至切削加工等。切削加工是采用金刚石刀具在超高精度机床上进行的，目前在陶瓷加工中仅有少量应用。

5.1.4 陶瓷的应用

（1）陶瓷材料在设计中的应用

陶瓷以优异的物理、化学、力学和工艺性能在很多的行业得到应用。陶瓷材料在设计中的应用分为传统陶瓷应用和特种陶瓷应用。

在传统陶瓷材料中，日用陶瓷占据着主导地位。在相当一段时间内，由于塑料的发明以及金属的普及，许多新材料日用器皿等取代了传统的陶瓷用品。随着社会的发展，日用陶瓷以高品质的特征，又开始逐渐回归。在传统手工技艺的基础上，加入了先进的生产技术和现代设计理念，使其在保持传统魅力的同时更容易批量生产，并蕴含了新的文化内涵，逐渐占据中高档器皿的市场，包括餐具、茶具、装饰物等。

特种陶瓷应用分别涉及直升机用防弹装甲陶瓷、飞机制动盘材料、卫星电池用陶瓷隔膜材料、红外隐身/伪装涂料、陶瓷轴承、导弹用陶瓷天线罩材料等；在一些高档手表和手机当中，一些新型陶瓷艺术元素赋予了产品新的感官。

（2）陶瓷材料的不同用途

陶瓷材料一般分为传统陶瓷和现代技术陶瓷两大类。传统陶瓷是指用天然硅酸盐粉末（如黏土、高岭土等）为原料生产的产品。因为原料的成分混杂和产品的性能波动大，仅用于餐具、日用容器、工艺品以及普通建筑材料（如地砖、水泥等），而不适用于工业用途。现代技术陶瓷是根据所要求的产品性能，通过严格的成分和生产工艺控制而制造出来的高性能材料，主要用于高温和腐蚀介质环境，是现代材料科学发展最活跃的领域之一。

① 日用陶瓷。定义：人们日常生活中必不可少的生活用瓷。陶瓷可以说是因为人们对日常生活的需求而产生的，从古代日用陶器的发生与发展上看有上万年的历史，自东汉发明瓷器以后，日常用品中又增加了更加卫生、更加容易清洗的人造石——瓷器。其优点如下。第一，易于洗涤和保持洁净。日用瓷釉面光亮、细腻，使用沾污后容易冲刷。第二，热稳定性较好，传热慢。日用餐具有经受一定温差的急热骤冷变化时不易炸裂的性能。这一点它比玻璃器皿优越，它是热的不良导体，传热缓慢。第三，化学性质稳定，经久耐用。这一点比金属制品如铜器、铁器、铝器等优越，日用瓷具有一定的耐酸、碱、盐及大气中 CO_2 侵蚀的能力，不易与这些物质发生化学反应，不生锈老化。第四，瓷器的气孔极少，吸水率很低。用日用瓷器储存食物，严密封口后，能防止食物中水分挥发、渗透及外界细菌的侵害。第五，彩绘装饰丰富多彩，尤其是高温釉彩及青花装饰等无铅中毒危害，可大胆使用，很受人们欢迎。如图 5-9。

图 5-9　日用陶瓷

② 建筑陶瓷。定义：房屋、道路、给排水和庭园等各种土木建筑工程用的陶瓷制品。有陶瓷面砖、彩色瓷粒、陶管等。按制品材质分为粗陶、精陶、半瓷和瓷质四类；按坯体烧结程度分为多孔性、致密性以及带釉、不带釉制品。其共同特点是强度高、防潮、防火、耐酸、耐碱、抗冻、不老化、不变质、不褪色、易清洁等，并具有丰富的艺术装饰效果（图 5-10）。

③ 特种陶瓷。特种陶瓷，又称精细陶瓷，按其应用功能分类，大体可分为

高强度、耐高温复合结构陶瓷及电工电子功能陶瓷两大类。在陶瓷坯料中加入具有特别配方的无机材料，经过1360℃左右高温烧结成型，从而获得稳定可靠的防静电性能，成为一种新型特种陶瓷。其通常具有一种或多种功能，如电、磁、光、热、声、化学、生物等功能；耦合功能，如压电、热电、电光、声光、磁光等功能。如图5-11。

图 5-10　建筑陶瓷

图 5-11　特种陶瓷

5.2　玻璃

5.2.1　玻璃概述

玻璃材料的发展已有5000多年的历史。玻璃是由二氧化硅和其他化学物质（主要为氧化钙、氧化钠以及少量的氧化镁和氧化铝等）熔融在一起形成的。玻璃具有无定形非结晶结构，为各向同性的均质材料（图5-12）。

玻璃的主要生产原料为纯碱、石灰石、石英砂、长石等。加工玻璃时，先将原料进行粉碎，按适当的比例混合，经过1550～1600℃的高温熔融成型后，再急冷而制成固体材料。

玻璃的主要特点表现在具有良好的物理化学性能和技术性能，有较高的机械

图 5-12　玻璃

强度和硬度，化学稳定性、热稳定性、透光性好。其缺点为易碎、受温差变化易爆裂、表面不易打理、容易有水渍等。

随着技术的进步，玻璃材料不仅在厚度、透明度上得到了突破，使得玻璃制作的家具兼有可靠性和实用性，并且在制作中注入了艺术的元素，使玻璃家具在发挥家具的实用性的同时，更具有美化居室的效果。主要应用为门、窗、隔断等。

玻璃的主要分类如下。

① 按主要化学成分分为氧化物玻璃和非氧化物玻璃。非氧化物玻璃品种和数量很少，主要有硫系玻璃和卤化物玻璃。氧化物玻璃又分为硅酸盐玻璃、硼酸盐玻璃、磷酸盐玻璃等。硅酸盐玻璃指基本成分为二氧化硅的玻璃，其品种多，用途广。通常按玻璃中二氧化硅以及碱金属、碱土金属氧化物的不同含量，又分为石英玻璃、高硅氧玻璃、钠钙玻璃、铝硅酸盐玻璃、铅硅酸盐玻璃、硼硅酸盐玻璃。

② 按性能特点分为平板玻璃、装饰玻璃、节能玻璃、安全玻璃、特种玻璃等。

③ 按工艺可分为普通平板玻璃、浮法玻璃、钢化玻璃、压花玻璃、夹丝玻璃、中空玻璃、彩色玻璃、吸热玻璃、热反射玻璃、磨砂玻璃、电热玻璃、夹层玻璃等。

④ 按玻璃制品形状可分为平板玻璃、曲面玻璃、异形玻璃、压花玻璃、玻璃砖、波形瓦、玻璃纤维、玻璃布等。

⑤ 按用途可分为日用玻璃、建筑玻璃、技术玻璃和玻璃纤维等。

一般情况下玻璃具有以下特性。

① 具有良好的光学性能。玻璃是一种高度透明物质，能吸收和透过紫外线、红外线，具有感光、变色、防辐射、光储存等一系列光学性能。

② 抗张强度较低，抗压强度高。玻璃是一种脆性材料，其强度一般用抗压、抗张强度等来表示。玻璃的抗张强度较低，这是由玻璃的脆性和玻璃表面的微裂纹所引起的。相对而言，玻璃的抗压强度较高，一般可以达到抗张强度的十几倍。

③ 硬度较大。玻璃的硬度比较大，比一般金属硬，仅次于金刚石、碳化硅等材料，不能用普通的刀具切割。

④ 一般是电的不良导体。常温下玻璃一般是电的不良导体，有些则是半导体。随着温度升高，玻璃的导电性迅速提高，熔融状态时则变成良导体。

⑤ 导热性差。玻璃的导热性差，一般不能经受温度的剧烈变化，其制品越厚，承受温度剧烈变化的能力越差。

⑥ 化学性质较稳定。玻璃的化学性质比较稳定。大多数工业用玻璃都能抵抗除氢氟酸以外酸的腐蚀，但耐碱性腐蚀能力较差。长期暴露在大气中或被雨水侵蚀，会使得玻璃变得晦暗，失去光泽。光学玻璃仪器受周围环境的影响，在表面会出现白斑或雾膜。所以在使用、保存中应加以注意。

5.2.2 玻璃的加工工艺

不同的玻璃品种往往在成型加工方面也有所不同，但其过程基本上可分为以下五步。①原料预加工。将块状原料粉碎，使潮湿原料干燥，对含铁原料进行除铁处理，以保证玻璃质量。②配合料制备。③熔制。玻璃配合料在池窑或坩埚窑内进行高温加热，使之形成均匀、无气泡并符合成型要求的液态玻璃。④成型。将液态玻璃加工成所要求形状的制品，如平板、各种器皿等。⑤热处理。通过退火等工艺，消除玻璃内部的应力。

（1）配料

按照设计好的料方单，将各种原料称量后在混料机内混合均匀。

玻璃的主要原料有石英砂、石灰石、长石、纯碱、硼砂等。

① 石英砂。石英砂又名硅砂，是一种非金属矿物质，一般为含 SiO_2 较多的河砂、海砂、风化砂等，是一种坚硬、耐磨、化学性能稳定的硅酸盐矿物。石英砂的颜色为乳白色或无色半透明状，它是重要的玻璃形成氧化物。

② 纯碱。纯碱的作用在于向玻璃中引入碱金属氧化物 Na_2O，它是玻璃的良好助熔剂，有助于玻璃的熔化，并可以降低玻璃熔体的黏度，使其易于熔融和成型。

③ 硼砂。硼砂也叫粗硼砂，是一种既软又轻的无色结晶物质。在玻璃中，硼砂可增强紫外线的透射率，提高玻璃的透明度及耐热性能。此外，硼砂为玻璃提供 B_2O_3，它可以使玻璃膨胀系数降低，提高其热稳定性、化学稳定性和机械强度，同时还起到助熔剂作用，加速玻璃的澄清和降低玻璃的结晶能力。

④ 石灰石。其主要成分是氧化钙。氧化钙在玻璃中主要是作为稳定剂，含量较高时，能使玻璃的结晶化倾向增大，易使玻璃发脆。

⑤ 碳酸钡与硫酸钡。碳酸钡与硫酸钡主要为玻璃提供 BaO，含 BaO 的玻璃可吸收射线，常用于制作高级玻璃器皿、光学玻璃、防辐射玻璃等。

⑥ 含铅化合物。含铅化合物的加入可增加玻璃密度，降低玻璃熔体的黏度，降低玻璃的熔制温度，提高玻璃的折射率，便于研磨抛光。

⑦ 长石。加入长石主要是为了提高玻璃的稳定性、机械强度、硬度和折射率，减轻玻璃液对耐火材料的侵蚀，有助于氟化物的乳浊。

⑧ 碎玻璃。将碎玻璃作为原料的一部分是目前常用的一类方法，由于熔化碎玻璃所消耗的能量要比新原料少，可以有效地降低能耗。

玻璃的辅助原料如下。

① 澄清剂。澄清剂本身能气化或分解放出气体，向玻璃溶液或配合料中加入澄清剂可以促进玻璃液中气泡排出。

② 着色剂。为给玻璃制品着色而加入的添加剂称为着色剂，它主要使玻璃对光线产生选择性吸收，从而显示出一定的颜色。通常有钴化合物（蓝色）、银化合物（黄色）、二氧化锰（紫色）、三氧化二铁（茶色）、三氧化铬（绿色）、磷化物（乳白色）等。

③ 脱色剂。脱色剂能除去玻璃中的着色杂质，如氧化亚铁等，这种色泽会影响玻璃的外观和光学性能。脱色剂一般分物理、化学两类。物理脱色剂，是起补色作用的着色剂，如二氧化锰、硒、氧化钴、氧化镍等，但它们会使总透光度降低；化学脱色剂，是能将玻璃中着色能力较强的氧化亚铁转变为着色能力较小的氧化铁的物质，如硝酸钠、硝酸钾等。

④ 助熔剂。助熔剂一般指能降低物质的软化、熔化或液化温度的物质。玻璃助熔剂主要是加速玻璃熔制过程。

⑤ 乳浊剂。由于乳浊剂在硅酸盐玻璃中的溶解度不大，随着温度下降，在

玻璃中会析出而使玻璃产生乳浊现象。最常用的乳浊剂有氟化物，也可以使用磷酸盐、氧化锡等化合物及滑石。

（2）熔制

将配好的原料经过高温加热，形成均匀的无气泡的玻璃液。这是一个很复杂的物理、化学反应过程。玻璃的熔制在熔窑内进行。熔窑主要有两种类型。一种是坩埚窑，玻璃料盛在坩埚内，在坩埚外面加热。小的坩埚窑只放一个坩埚，大的可多达 20 个坩埚。坩埚窑是间隙式生产的，现在仅有光学玻璃和颜色玻璃采用坩埚窑生产。另一种是池窑，玻璃料在池窑内熔制，明火在玻璃液面上部加热。玻璃的熔制温度大多在 1300～1600℃。大多数用火焰加热，也有少量用电流加热的，称为电熔窑。现在，池窑都是连续生产的，小的池窑可以是几米，大的可达到 400 多米。表 5-1 所列是对常用的钠-钙-硅玻璃熔制过程以及所产生的反应、生成物和工艺条件的说明。

表 5-1　钠-钙-硅玻璃熔制过程以及所产生的反应、生成物和工艺条件的说明

阶段	反应	生成物	熔制温度
① 硅酸盐的形成	石英结晶的转化，Na_2O 和 CaO 的生成，各组分固相反应	硅酸盐和 SiO_2 组成的烧结物	800～900℃
② 玻璃的形成	烧结物熔化，同时硅酸盐与 SiO_2 互相溶解	带有大量气泡和不均匀条纹的透明玻璃液	1200℃
③ 澄清	玻璃液黏度降低，开始放出气态混杂物（加澄清剂）	去除可见气泡的玻璃液	1400～1500℃
④ 均化	玻璃液长期保持高温，其化学成分趋向均一，扩散均化	消除条纹的均匀玻璃液	低于澄清温度
⑤ 冷却		玻璃液达到可成型的黏度	200～300℃

（3）成型

成型是将熔制好的玻璃液转变成具有固定形状的固体制品。成型必须在一定温度范围内才能进行，这是一个冷却过程。玻璃首先由黏性液态转变为可塑态，再转变成脆性固态。成型方法可分为人工成型和机械成型两大类。

① 人工成型。

a. 吹制。用一根镍铬合金吹管，挑一团玻璃在模具中边转边吹，主要用来成型玻璃泡、瓶、球（划眼镜片用）等（图 5-13）。

b. 拉制。在吹成小泡后，另一工人用顶盘粘住，二人边吹边拉，主要用来

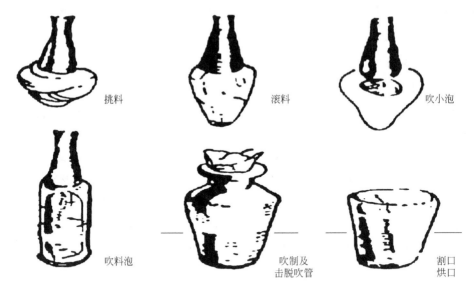

挑料　　　　　　　滚料　　　　　　　吹小泡

吹料泡　　　　吹制及　　　　割口
　　　　　　　击脱吹管　　　烘口

图 5-13　人工吹制示意图

制造玻璃管或棒。

c. 压制。挑一团玻璃，用剪刀剪下使它掉入凹模中，再用凸模一压，主要用来成型杯、盘等。

d. 自由成型。挑料后用钳子、剪刀、镊子等工具直接制成工艺品。

② 机械成型。因为人工成型劳动强度大，温度高，条件差，所以，除自由成型外，大部分已被机械成型所取代。机械成型除了压制（图 5-14）、吹制（图

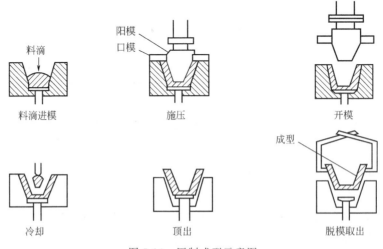

料滴进模　　　　　施压　　　　　　开模

冷却　　　　　　　顶出　　　　　　脱模取出

图 5-14　压制成型示意图

5-15）、拉制（图 5-16）外，还有以下几种。

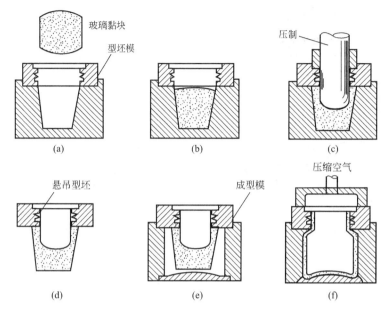

图 5-15　机械吹制法成型广口瓶

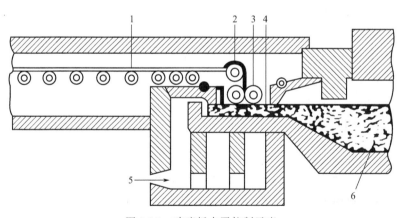

图 5-16　玻璃板水平拉制示意

1—玻璃板；2—转动辊；3—成型辊；4—水冷挡板；5—燃烧器；6—熔融玻璃

a. 压延法，用来生产厚的平板玻璃、刻花玻璃、夹金属丝玻璃等（图 5-17）。

b. 浇铸法，生产光学玻璃。

c. 离心浇铸法，用于制造大直径的玻璃管、器皿和大容量的反应坩。它是将玻璃熔体注入高速旋转的模子中，由于离心力使玻璃紧贴到模子壁上，旋转继续进行直到玻璃硬化为止。

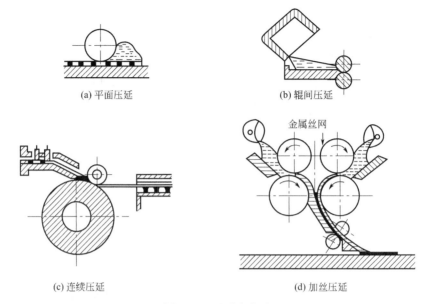

(a) 平面压延   (b) 辊间压延

金属丝网

(c) 连续压延   (d) 加丝压延

图 5-17 压延法成型

d. 烧结法，用于生产泡沫玻璃。它是在玻璃粉末中加入发泡剂，在有盖的金属模具中加热，玻璃在加热过程中形成很多闭口气泡，这是一种很好的绝热、隔声材料。

此外，平板玻璃的成型方法分为垂直引上法、平拉法和浮法。浮法是让玻璃液流漂浮在熔融金属（锡）表面上形成平板玻璃的方法，如图 5-18，其主要优点是玻璃质量高（平整、光洁），拉引速度快，产量大。

（4）退火

玻璃在成型过程中经受了激烈的温度变化和形状变化，这种变化在玻璃中留下了热应力。这种热应力会降低玻璃制品的强度和热稳定性。如果直接冷却，很可能在冷却过程中或以后的存放、运输和使用过程中自行破裂（俗称玻璃的冷爆）。为了消除冷爆现象，玻璃制品在成型后必须进行退火。退火就是在某一温度范围内保温或缓慢降温一段时间，以消除或减小玻璃中热应力到允许值。

此外，某些玻璃制品为了增加其强度，可进行钢化处理。钢化处理包括物理钢化和化学钢化。物理钢化（淬火），用于较厚的玻璃杯、桌面玻璃、汽车挡风玻璃等；化学钢化（离子交换），用于手表表蒙玻璃、航空玻璃等。钢化的原理是在玻璃表面层产生压应力，以增加其强度。

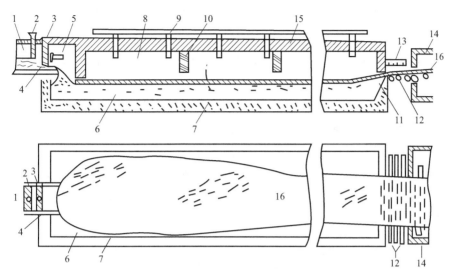

图 5-18　浮法玻璃成型工艺

1—窑尾；2—安全闸板；3—节流闸板；4—流槽；5—流槽电加热；

6—锡液；7—锡槽槽底；8—锡槽上部加热空间；9—保护气体管道；

10—锡槽空间分隔墙；11—锡槽出口；12—过渡辊台传动辊子；

13—过渡辊台电加热；14—退火窑；15—锡槽顶盖；16—玻璃带

（5）玻璃的二次加工

成型后的玻璃制品，除极少数能直接符合要求外（如瓶罐等），大多数还须做进一步加工，以得到符合要求的制品。二次加工可以改善玻璃制品的表面性质、外观质量和外观效果。玻璃制品的二次加工可分为冷加工、热加工和表面处理。

① 玻璃制品的冷加工。冷加工是指在常温下通过机械方法来改变玻璃制品外形和表面状态所进行的工艺过程。冷加工的基本方法包括研磨、抛光、切割、喷砂、钻孔和车刻等。

a. 研磨是为了消除玻璃制品的表面缺陷或成型后残存的凸出部分，使制品获得所要求的形状、尺寸和平整度。

b. 抛光是用抛光材料消除玻璃表面在研磨后仍残存的凹凸层和裂纹，以获得光滑、平整的表面。

c. 切割是用金刚石或硬质合金刀具划割玻璃表面并使之在划割处断开的操作。

d. 磨边是磨除玻璃边缘棱角和磨平粗糙截面的方法。

　　e. 喷砂是通过喷枪用压缩空气将喷料喷射到玻璃表面以形成花纹图案或文字的加工方法。

　　f. 钻孔是利用硬质合金钻头、钻石钻头或超声波等对玻璃制品进行打孔的操作。

　　g. 车刻又称刻花，是用砂轮在玻璃制品表面刻磨图案的加工方法。

　　② 玻璃制品的热加工。有很多形状复杂和要求特殊的玻璃制品，需要通过热加工进行最后成型。此外，热加工还用来改善制品的性能和外观质量。热加工的方法主要有：火焰切割、火抛光、钻孔、锋利边缘的烧口等。

　　③ 玻璃制品的表面处理。表面处理包括玻璃制品光滑面与抛光面的形成（如器皿玻璃的化学刻蚀、玻璃化学抛光等）、表面着色和表面涂层（如镜子镀银、表面导电）等。

　　a. 玻璃彩饰：利用彩色釉料对玻璃制品进行装饰的过程。常见的彩饰方法有描绘、喷花、贴花和印花等。彩饰方法可单独采用，也可以组合采用。

　　描绘是按照图案设计要求，用笔将釉料涂饰在制品表面；喷花是将图案花样制成镂空型板紧贴在制品表面，用喷枪将釉料喷到制品上；贴花是先用彩色釉料将图案印刷在特殊纸上或薄膜上制成花纸，然后将花纸贴到制品表面；印花是采用丝网印刷方式用釉料将花纹图案印在制品表面。所有玻璃制品彩饰后都需要进行彩烧，才能使釉料牢固地熔附在玻璃表面，并使色釉平滑、光亮、鲜艳，且经久耐用。

　　b. 玻璃刻蚀：利用氢氟酸的腐蚀作用，使玻璃获得不透明毛面的方法。先在玻璃表面涂覆石蜡、松节油等作为保护层并在其上刻绘图案，再用氢氟酸溶液腐蚀刻绘所露出的部分。刻蚀程度可通过调节酸液浓度和腐蚀时间进行控制，刻蚀完毕除去保护层。多用于玻璃仪器的刻度制作和标字、玻璃器皿和平板玻璃的装饰（图 5-19）。

5.2.3　常用玻璃品种

（1）平板玻璃

　　平板玻璃是指未经其他加工的平板状玻璃制品，也称白片玻璃或净片玻璃。平板玻璃一般包括普通平板玻璃、钢化玻璃、磨砂玻璃和花纹玻璃等。

　　平板玻璃是玻璃中产量最大、使用最多的一种，用途有两个方面。

　　第一个是，3～5mm 的平板玻璃常直接用于门窗采光、保温、隔声等，

图 5-19　玻璃刻蚀

8～12mm的平板玻璃可用于隔断、维护等。

另一重要用途是用作进一步加工成其他技术玻璃的原片，如钢化玻璃、磨砂玻璃、花纹玻璃等。

① 普通平板玻璃。普通平板玻璃即窗玻璃，因其透光、隔热、降噪、耐磨、耐气候变化，而广泛应用于门窗、墙面、室内装饰等；有的还具有保温、吸热、防辐射的特性。普通平板玻璃分为优等品、一等品和二等品三个等级。

家具中普通平板玻璃主要用于镶嵌门体、各种柜门、餐桌茶几的台面等（图5-20）。

② 钢化玻璃。钢化玻璃又称强化玻璃，是平板玻璃的二次加工产品。钢化玻璃的加工过程是将普通退火玻璃先切割成要求的尺寸后，加热至软化点，再经过快速均匀的冷却过程就制成了钢化玻璃。

经过钢化处理的玻璃，表面形成均匀的压应力，内部形成张应力，抗压强度比普通玻璃大4～5倍；抗弯、抗冲击强度有很大提高，分别是普通玻璃的4倍和5倍以上；热稳定性好，在受急冷急热时，不易发生炸裂，是普通玻璃所不及的。

钢化玻璃由于内部预置了应力，一旦被破坏，会形成无棱角的小碎片，能最大限度地避免对人体的伤害，因此，作为家具材料使用时，常用作餐桌、茶几等的台面，门及淋浴房隔断等，如图5-21所示。

③ 磨砂玻璃。磨砂玻璃俗称毛玻璃、暗玻璃，是普通平板玻璃、磨光玻璃、

图 5-20 普通平板玻璃

图 5-21 （破碎的）钢化玻璃

浮法玻璃经机械喷砂、手工研磨或化学腐蚀（氢氟酸溶蚀）等方法将表面处理成均匀的毛面，如图 5-22 所示。

磨砂玻璃粗糙的表面使光线发生漫反射，只能透过一部分光线而不能透视，透过的光线柔和不刺眼，常用于需要隐蔽的浴室、卫生间、办公室的门窗和隔断。

④ 花纹玻璃。花纹玻璃是将平板玻璃经过压花、喷砂或者刻花处理后制成

图 5-22　磨砂玻璃

的，根据加工方法的不同可分为压花玻璃、喷砂玻璃和刻花玻璃三种。

压花玻璃又称滚花玻璃，顾名思义，是在玻璃硬化前，用刻有花纹和图案的辊筒，在玻璃面上压出深浅不同的花纹图案。由于花纹凹凸深浅不同，这种玻璃透光不透视，光透过率降低。

压花玻璃的透视性，因距离、花纹不同而异。一般厚度为 3~5mm，常用于门窗、室内间隔、浴厕等处（图 5-23）。

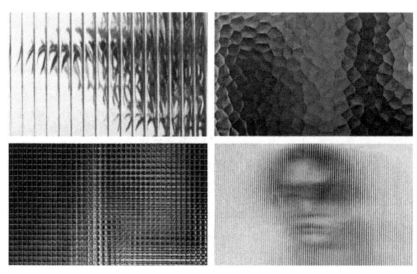

图 5-23　压花玻璃

喷砂玻璃包括喷花玻璃和砂雕玻璃，是经自动水平喷砂机或立式喷砂机在玻璃上加工图案的玻璃产品；也可在图案上加上色彩，并与电脑刻花机配合使用制作喷绘玻璃，增加艺术气息（图5-24）。

图 5-24　喷砂玻璃

图 5-25　刻花玻璃

刻花玻璃是指刻有文字或图案、花纹的玻璃。其做法是将待刻的玻璃洗净晾干平置，然后在其上涂布用汽油溶化的石蜡液作为保护层，在固化后的石蜡层上刻出所需要的文字或图案。刻花时，必须雕透石蜡层，使玻璃露出。然后，将氢氟酸滴于露出玻璃的文字或图案上。根据所需花纹的深浅，控制腐蚀时间。经过一定时间之后，用温水洗去石蜡和氢氟酸，即可制得具有美丽花纹的玻璃（图5-25）。

图 5-26　热弯玻璃

花纹玻璃在性能上与磨砂玻璃很相似，尤其是喷砂玻璃，就是将磨砂改为喷砂，处理后的雾面效果具有朦胧美感，在空间中界定而不封闭的区域使用最为适宜，如餐厅与客厅之间的屏风、卫生间中的淋浴房等。

（2）热弯玻璃

热弯玻璃是为了满足现代建筑的高品质需求，由优质玻璃经过热弯软化，在模具中成型，再经退火制成的曲面玻璃，如图5-26所示。

和钢化玻璃一样，热弯玻璃需要提前定制，根据需求提前切割好尺寸，再经过相应的加工处理。

随着工业水平的进步和人民生活水平的日益提高，热弯玻璃在建筑、民用场合的使用越来越多，例如：建筑装饰用热弯玻璃可用于建筑内外装饰、采光顶、观光电梯、拱形走廊等，民用热弯玻璃主要用作玻璃家具、玻璃水族馆、玻璃洗手盆、玻璃柜台、玻璃装饰品等。

同时，玻璃正向着多品种、多功能的方向发展。新型玻璃性能更加完善，可以控制光线、节约能源、减低噪声和改善室内环境。这种新型玻璃广泛用于建筑物的门窗、室内墙壁、隔断、柱面和顶棚等处。

（3）智能调光玻璃

智能调光玻璃是由平板玻璃与液晶胶片层和调光膜组成的。利用现有的夹层玻璃制造方法，将调光膜牢固粘接在两片普通浮法玻璃之间，通过在胶片上通电来调节液晶自身的排列和分布，从而起到调节光线的作用（也称作电控变色玻璃光阀）。

智能调光玻璃通电时透明，断电时透光不透明，还可根据场合、心情、功能需求，通过控制电流的大小随意调节、自由变换玻璃的通透性，使室内光线更加柔和，又不失透光的作用，如图 5-27 所示。

智能调光玻璃中间的调光膜及胶片可以屏蔽 90% 以上的红外线及紫外线，减少热辐射及传递，保护室内陈设不因紫外线辐照而出现褪色、老化等情况，避免人员受紫外线直射而引起的疾病。此外，这层调光膜和胶片还可有效阻隔各类噪声。

智能调光玻璃可作为隔断和幕布，不透明时保证私密性，替代成像幕布，商业名称为"智能玻璃投影屏"；透明时可增强空间通透性，使狭小空间不再感觉憋闷压抑，尤其

通电时　　　　　　断电时

图 5-27　智能调光玻璃

适合办公环境和会议室。会议室空闲时，可调节为全光照透明状态；进行商务谈判时，则可让玻璃调节为不透明，以保证私密性。

普通住宅阳台、飘窗、洗手间、淋浴间、室内空间隔断等均可使用调光玻璃；另外智能调光玻璃应用在医疗机构，可取代窗帘，起到屏蔽与隔断功能，坚实安全，隔声消杂，更有环境清洁、不易污染的好处，为患者除去顾虑，为医生免去麻烦；也可应用于银行、珠宝行及博物馆和展览馆的柜台，在正常营业应用时保持透明状态，一旦遇到突发情况，则可利用远程遥控，瞬间达到模糊状态，使犯罪分子失去目标，可以最大程度保证人身及财产安全。

（4）节能玻璃

节能玻璃具有两个节能特点：保温性和隔热性。目前，节能玻璃正被广泛地应用在高级建筑物之上。常用的节能玻璃主要包括镀膜玻璃和中空玻璃等。

① 镀膜玻璃。镀膜玻璃是在玻璃表面镀一层或多层金属、合金或金属化合物，以改变玻璃的性能。按特性不同可分为热反射玻璃和低辐射玻璃（图5-28）。

图5-28　镀膜玻璃

热反射（阳光控制）玻璃，一般是在玻璃表面镀一层或多层由铬、钛或不锈钢等金属或其化合物组成的薄膜，使产品呈丰富颜色，对可见光有适当的透射率，对近红外线有较高的反射率，对紫外线有很低的透射率，因此，热反射玻璃也称为阳光控制玻璃。与普通玻璃比较，热反射玻璃降低了遮阳系数，即提高了遮阳性能，但对传热系数改变不大。

低辐射（LOW-E）玻璃，是在玻璃表面镀多层由银、铜或锡等金属或其他化合物组成的薄膜，产品对可见光有较高的透射率，对红外线有很高的反射率，具有良好的隔热性能。由于膜层强度较差，一般都制成中空玻璃使用而不单独使用。

② 中空玻璃。中空玻璃是将两片或两片以上的玻璃用铝制空心边框框住，用胶接或焊接密封，中间形成自由空间，可充以干燥的空气或惰性气体，其传热系数 U 比单层玻璃小，保温性能好，但其遮阳系数 SC 降低很小，对太阳辐射的热反射性改善不大（图5-29）。

③ 镀膜玻璃与中空玻璃的复合体。镀膜玻璃与中空玻璃的复合体包括热反

图 5-29 中空玻璃

射镀膜中空玻璃和低辐射镀膜中空玻璃。前者可同时降低传热系数和遮阳系数，后者透光率较好。

（5） 玻璃马赛克

玻璃马赛克又称玻璃锦砖或玻璃纸皮砖。马赛克（mosaic）在历史上泛指带有艺术性的镶嵌作品，后专指一种由不同色彩的小块板镶嵌而成的平面装饰（图5-30）。

图 5-30 玻璃马赛克

图 5-31 空心玻璃砖

玻璃马赛克是小规格彩色饰面玻璃。成品正面光泽滑润细腻，背面带有较粗糙的槽纹，便于用砂浆粘贴；外观有无色透明的、着色透明的、半透明的，带金银色斑点、花纹或条纹的。

玻璃马赛克具有耐腐蚀、不褪色、色彩亮丽、易清洁、易施工、廉价等优点，在美化环境和营造气氛的同时，对墙体有一定保护作用，延长了建筑物的使用寿命和维护周期，一举多得，非常实用。

（6）空心玻璃砖

空心玻璃砖即玻璃组合砖，是将两块模压成凹形的玻璃加热，而后熔接或胶接成整体的空心砖。可在内侧面做出各种花纹及图案，赋予特殊的采光功能，结构上还有单腔和双腔（夹玻璃纤维网）两种，双腔的隔热隔声效果更好（图5-31）。

特点：透光不透视，抗压强度高，保温隔热性、隔声性好，防火性高，装饰性能好。

用途：砌筑透光墙壁，建筑物的非承重内外墙，淋浴隔断、门厅和通道隔断，也可以作为装饰用的半透明隔墙。

5.2.4　玻璃在设计中的应用

随着科学技术的发展和人民生活水平的提高，当代玻璃器皿的设计不仅仅是单纯的功能设计，而是包含着对玻璃器皿的功能、工艺技术和美观度等因素的统一的整体设计，这种设计展示了人类驾驭玻璃材料、运用技术手段的能力和创造艺术美的才华，高度体现了玻璃材料卓越的工艺技术和艺术化表现方式的完美结合，充分展现了玻璃材质的自然美感，形成了当代玻璃器皿的设计风格——玻璃艺术。人们在深入了解玻璃特性的过程中，扩大着玻璃的表现力，以至于玻璃在日益融进人们物质生活的同时，也一步步登上了艺术的殿堂。

（1）器皿玻璃

器皿玻璃根据玻璃原料的品质分为普通器皿玻璃和晶质玻璃（水晶玻璃）。采用水晶玻璃制成的玻璃器皿从古到今都备受人们钟爱，它不仅具有晶莹剔透的质感，还可通过各种玻璃工艺技术，使它在透明与朦胧的变幻中、在流光溢彩的七彩世界中，表达出设计者对玻璃材质超物质性的体验以及对世界、对人生、对艺术的情感和思索，从而构成了玻璃艺术最鲜明、最富感染力并最有时代感的审美特征，从视觉到心理都给人以积极的富有活力的美感。图5-32为意大利设计

师 Calice 设计的高脚玻璃杯，杯体采用
水晶玻璃材料，经人工吹制而成，杯子
造型的独特之处是可以根据不同的使用
功能，上下都可以倒过来用。杯体由两
个大小不同的圆锥状杯身组成，以两个
锥边作为连接点，产生上下体量大小的
对比。

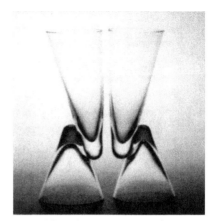

图 5-32 "凯利斯（Calice）"
高脚玻璃杯

（2）家具玻璃

在当前世界家居的流行潮流中，一
些设计师越来越偏爱各种透明、半透明
的材质，从而形成一场透明的革命。许
多人以拥有晶莹透明的艺术玻璃家具为
荣，晶莹剔透的家具似乎涤荡了现代人心中的烦忧，已成为现代家具中的流行亮
点。玻璃家具融合了现代家具和传统家具的精华，将玻璃和金属、木材等多种材
质巧妙地结合在一起（图 5-33～图 5-35）。加上高超的现代加工技术，使玻璃家
具既具有实用性，又成为家具中一个极具欣赏性的艺术雕塑，使人们从各方面观
察家具时都会感觉完美无瑕。玻璃家具独特的设计造型和材质效果迎合了现代家
具设计中讲求视觉中心的特点，它像珍贵的宝石饰物一样，让居室焕发出华丽而
灿烂的光彩，成为人们视觉的焦点。

图 5-33 玻璃木材结合家具

图 5-34　玻璃金属结合家具

图 5-35　玻璃塑料结合家具

5.3　石材

5.3.1　石材概述

（1）岩石的形成及分类

各种岩石在不同的地质条件下形成不同类型的岩石，通常可分为岩浆岩、沉积岩和变质岩三大类。

① 岩浆岩。岩浆岩又称火成岩，为地壳深处熔融岩浆上升到地表附近或喷出地表经冷凝而成，又分为深成岩和喷出岩等。

深成岩：岩浆在地壳深处受到较大的覆盖压力作用，缓慢均匀冷却而成，结构紧密，抗压强度高，吸水少，表观密度大，抗冻性、耐磨性和耐水性好。

喷出岩：岩浆喷出地表后，在压力骤减、冷却迅速的条件下形成。建筑上常用的喷出岩有玄武岩等。

② 沉积岩。沉积岩又称水成岩，由露出地表的各种岩石（母岩）经自然风化、风力搬迁和流水的冲移等作用逐渐沉积而成，其主要特征是具有层状结构。

特点：强度相对较低，吸水率较大，表观密度小，耐久性也较差。

③ 变质岩。岩浆岩或沉积岩在地壳内部受高温高压作用，内部结构和组成发生变化而形成变质岩，如常用的大理岩和石英岩等。

（2）石材的一般加工方法

① 锯切。锯切是将采石厂中开采出来的荒料（一般为 $1\sim2m^3$ 的正方体或长方体）锯切成板材的作业。

② 表面加工。

a. 研磨：包括粗磨、细磨和抛光等工序。

b. 烧毛加工：采用火焰喷射器在石材表面进行高温烘烤，再用钢丝刷去掉岩石碎片，最后用玻璃渣和水的混合液高压喷吹，使表面的色彩和粗糙度都达到使用要求。

c. 琢面加工：采用琢石机加工石材表面，使其具有花纹突出的毛面效果，可产生强烈的特殊质感；也可采用花锤加工石材的表面，得到锤击板，具有特殊质感。

d. 抛光：石材研磨的最后一道工序。抛光使石材的固有花纹和色泽最大限度地显现出来，并具有良好的光泽度。石材光泽度是衡量其质量的重要指标之一。

5.3.2 天然石材的常用品种

（1）天然大理石

天然大理石是由石灰岩和白云岩在高温、高压下矿物重新结晶、变质而成的，如图 5-36 所示。

特点：色彩纹理丰富多变，呈圆圈形或枝条形（脉纹），装饰效果好。天然大理石为中等硬度石材，易加工，吸水率偏大，化学稳定性较差，不耐酸，磨耗量较大，一般不宜用在室外，耐用年限为 $40 \sim 100$ 年。主要化学成分为 $CaCO_3$。我国大理石矿藏十分丰富，大理石板材品种繁多，其品名一般据材料色泽、图案或产地命名。著名品种主要有：汉白玉、丹东绿、雪浪、秋景、雪花、艾叶青和东北红等。

图 5-36 天然大理石

国家标准《天然大理石建筑板材》（GB/T 19766—2016）规定，板材形状分为毛光板（MG）、普型板（PX）、圆弧板（HM）和异型板（YX）。

大理石按加工质量和外观质量分为 A、B、C 三级。

（2）天然花岗石

由长石、石英石和云母等矿物组成，如图 5-37 所示。

特点：呈现整体均匀的斑点状花纹（繁星般的云母黑点和闪闪发光的石英细

图 5-37　天然花岗石

晶），结构致密，质地坚硬，抗压强度大，硬度大，耐磨性好，吸水率小，耐酸碱腐蚀、耐冻，可经受 100～200 次的冻融循环，耐用年限 75～200 年。

花岗石的化学成分因产地不同而有所差异。

国产著名的花岗石板材品种主要有：济南青、将军红、白虎涧、莱州白、莱州红和岑溪红等。

《天然花岗石建筑板材》（GB/T 18601—2009）规定，花岗石板材按形状分为毛光板（MG）、普型板（PX）、圆弧板（HM）和异型板（YX）。其中普型板分为优等品（A）、一等品（B）和合格品（C）三个等级。

普型板材为长方形或正方形，其他形状板材为异型板材。按板面加工程度又分为：细面板材（YG，表面平整光滑）、镜面板材（JM，表面平整，具有镜面光泽）、粗面板材（CM，表面粗糙平整，具较规则加工条纹的机刨板、剁斧板和锤击板等）。

花岗石装饰板的产品质量分为优等品（A）、一等品（B）和合格品（C）三个等级。

5.3.3　天然石材在设计中的应用

石材是家具制作及室内装饰的重要材料之一（图 5-38），在家具设计中主要用于台面（含嵌装台面）、椅子背板嵌装以及支柱等处（图 5-39），实际选用时需注意以下几点。

（1）经济性

尽量就地取材，缩短石材运输距离，减轻劳动强度，降低成本。

图 5-38　室内装饰用石材

图 5-39　家具用石材

（2）装饰性

要注意石材的色彩、纹理与家具及装修风格的协调性，充分体现石材自身的艺术美，还可采用拼花方法使装饰性更加丰富。

对石材自身而言，要注意以下几点。

① 石材的外观色调应基本调和，大理石要纹理清晰，花岗石应彩色斑点分布均匀，有光泽。

② 石材的矿物颗粒越细越好，颗粒越细，石材结构越紧密，强度越高，越坚固。

③ 严格控制石材尺寸公差、表面平整度、光泽度和外观缺陷。

（3） 环保性

选购石材产品时，要向经销商索要产品放射性检测报告。《建筑材料放射性核素限量》（GB 6566—2001）中指出，天然大理石材的放射性强度极低，金属A类标准，是绿色建材，故目前只对花岗石材的放射性强度水平有明确界定，并依放射性水平强弱不同分为A、B、C等级别，同时明确了每个级别花岗石材产品的应用范围：A类产品可在任何场合中使用，包括写字楼和家庭居室；B类产品不可用于居室的内饰面，但可用于其他建筑物的内、外饰面；C类产品只可用于建筑物的外饰面；超过C类标准的天然石材，只可用于海堤、桥墩及碑石等。

5.3.4 人造石材

人造石材为水磨石和合成石的总称，属于聚酯混凝土或水泥混凝土的范畴。

特点：重量轻、强度高；耐腐蚀、耐酸碱性能高于天然大理石；制造工艺简单，原料易得，成本低；容易施工安装；装饰效果好，色泽均匀，再现性强。

（1） 水磨石板材

定义：以水泥和大理石碎粒为主要原料，经过成型、养护、研磨和抛光等工序制成的一种建筑装饰用人造石材。

预制水磨石板是以普通水泥混凝土为底层，以白水泥和彩色水泥与各种大理石碎粒拌制的混凝土为面层组成。

特点：美观、实用、强度高、施工方便、装饰效果好、花色品种多。

用途：适用于建筑物的地面、墙面、柱面、窗台、踢脚（线）、台面和楼梯踏步等处，也适用于家具橱柜台面等。

常用品种：普通水磨石板、彩色水磨石板。

（2） 合成石板材

① 聚酯型人造大理石饰面板。以聚酯树脂为黏结剂，配以大理石或方解石、石英砂或硅砂和玻璃粉等无机矿物粉料，以及适量的阻燃剂、稳定剂和颜料等，经混合、浇注、振动、压缩等方法，在室温下固化成型，再经脱模和抛光后制成的一种人造石材。

特点：装饰性强，强度高、耐腐蚀，制作工艺简单。

生产工艺：浇注成型工艺，简单易行，但产量较低；大块荒料成型工艺，产量高，适宜大规模工业化生产。

② 硅酸盐型人造大理石。硅酸盐型人造大理石又称水泥型人造大理石，价格低廉，性能比天然大理石稍差。

常用品种为硅酸盐石英类人造大理石，其装饰效果好，在色泽和物理化学性能上优于其他类型人造大理石，价格仅为天然大理石的4%～5%左右。

③ 水泥-树脂复合型人造大理石。水泥-树脂复合型人造大理石是以普通水泥砂浆作基层，再在表面覆树脂以罩光和添加图案色彩，具有树脂型大理石的装饰效果和表面性能，成本则可降低60%左右，结构合理，施工方便，镶嵌牢固。

④ 玉石合成饰面板。玉石合成饰面板又称人造琥珀石饰面板。采用透明不饱和聚酯树脂将天然石粒（如卵石）、各色石块（均匀的玉石、大理石）以至天然的植物、昆虫等浇注成板材。光洁度高，质感强，强度高，耐酸碱腐蚀。

⑤ 幻彩石。幻彩石采用彩色水泥做黏结剂，以各种不同色彩的大理石末为主要原料，加入其他装饰物料如玻璃或贝壳等，压成砖块，体积较小，图案色彩丰富，品种款式繁多，性能优良，可用于墙地砖或台面板等处。

·习　题·

习题5-1　陶瓷单独设计和与其他材料的配合设计分别存在什么问题？试进行一款陶瓷与其他材料结合的产品设计。

习题5-2　下面玻璃制品是意大利的李维奥·瑟古索的作品？简要分析它的艺术性和成型工艺。

习题5-3　在橱柜台面产品的设计中一般可采用哪种石材？解释原因。

第6章 │ 产品构造

6.1 物理力学

6.1.1 结构设计目的

结构设计的目的通常是使承受的负载不会破坏或是不会有很大的变形。结构设计实际要考虑强度和刚性。如果产品的结构设计强度不足，会产生永久破坏；刚性不足，会影响结构运动的精确度，产生振动和噪声。

6.1.2 结构受外力的五种形态

拉力（或叫张力）、压力（拉力和压力都是作用在材料的轴向上）、弯曲（力作用在物品的垂直面上，会产生弯曲）、剪力（作用在物品的垂直面，但是是在力臂比较小的时候）和扭转力（扭曲时受到的）。

6.1.3 拉力和压力的应力、应变

应力指的是材料受到负载后的一种状态，如图 6-1，材料受到的应力等于两端受到的正向拉力与面积的比值（单位为 Pa）。

1Pa 值相当低，相当于 100g 的重量作用在 $1m^2$ 的面积上，这个力是非常小的，工程上常用 1MPa 作单位，是 10 的 6 次方帕。

20MPa 是大还是小，一般是与低碳钢强度进行比较，低碳钢的强度为 200～500MPa。与低碳钢比较，20MPa 强度是小的。

应变是指材料单位长度的变形量。材料在受到拉力或压力时长度发生拉长或缩短。

应力是材料发生应变时产生的状态。应力的大小和应变成正比。E 是弹性模量，代表材料的刚性，钢的弹性模量是 $207GPa$，铝的弹性模量是 $69\sim73GPa$。铝合金的重量比铁轻，但是刚性也比铁低，因此在考虑用材时也要考虑刚性变化。

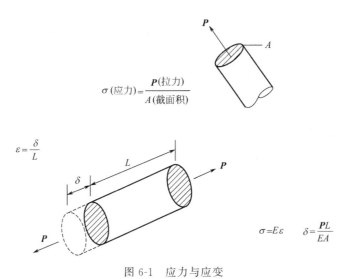

图 6-1 应力与应变

6.1.4 弯曲的应力、 应变

施加在物品上的垂直力叫做剪力，如果这个物品的轴是长轴，这个力矩会造成弯曲变形（图 6-2）。

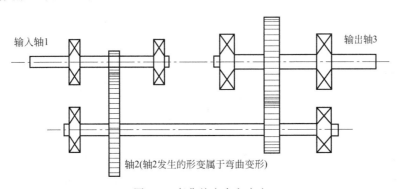

图 6-2 弯曲的应力和应变

（1） 悬臂梁

弯曲力造成的情况分为几种，第一种为悬臂梁结构（图 6-3）。悬臂梁一端是固定的，没有办法移动和旋转。施加载荷时，一端发生变形就是悬臂梁产生的弯曲变形。最大应力发生在固定端。

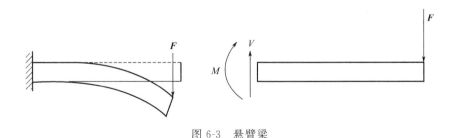

图 6-3　悬臂梁

（2）简支梁

另一种是简支梁，是两端受到支撑，它最有可能受到最大应力处是力 **F** 作用的位置（图 6-4）。

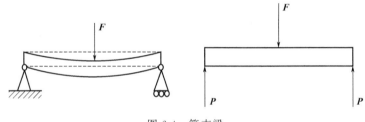

图 6-4　简支梁

在弯曲变形时，内侧受到压缩，外侧受到拉伸。压缩受到压应力，拉伸受到拉应力（图 6-5）。

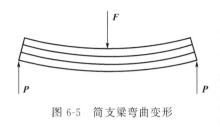

图 6-5　简支梁弯曲变形

最大的应力是在梁的表面，越靠中间，力越小，中间位置没有压应力和拉应力，叫中性轴。我们经常看到有些材料是管状结构，因为中间材料没有用，没有产生任何应力，只是让材料更重而已。对于上下两个面，下表面是拉应力，上表面是压应力。

I 是转动惯量；M 是力矩，$M = LF$；y 是表面与中性轴的距离（图 6-6）。

这样就带来一个问题，靠近中间部分的材料应力很小，利用得不充分，等于有些材料有劲使不上。所以就把梁做成上下两边的地方材料多些，靠近中间部分材料少些的工字钢或槽形钢（图 6-7）。这样同等重量的钢材，承受的弯曲力就变大了。

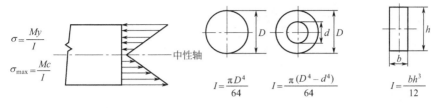

$$\sigma = \frac{My}{I}$$

$$\sigma_{max} = \frac{Mc}{I}$$

中性轴

$$I = \frac{\pi D^4}{64}$$

$$I = \frac{\pi (D^4 - d^4)}{64}$$

$$I = \frac{bh^3}{12}$$

图 6-6　计算公式

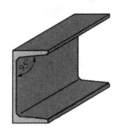

图 6-7　工字钢（左）和槽形钢（右）

同理，板材的中间部分是中性轴，中间部分材料用材要求不高，譬如中间夹着纸质材料的蜂窝板，或者刨花板中间是粗大的刨花而表面是细致的细刨花（图6-8）。

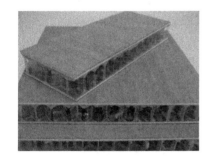

图 6-8　板材

在工字钢型材基础上，运用力学原理，通过形态结构的方式，发展成桁架的结构形式，最大程度地提高了强度。另外拱形结构可以使钢材有较大跨度的承载力（图6-9）。

同样大小的力分别采用弯曲、压和拉方式作用于物体，弯曲造成的应力是压力、张力的80倍，弯曲造成的变形是压力、张力变形的200倍。

因此可知，弯曲是造成材料破坏和变形的主要因素，需要控制弯曲。可以得到结论：结构承受张力、压力的能力远优于承受弯曲。

观察产品时，如果它在某个位置发生弯曲变形，我们要强烈地关注它，因为

图 6-9　拱形结构

这有可能是最容易发生破坏的地方。我们在设计结构的时候尽量让结构承受张力和压力，如果非要弯曲，就需要我们用补强的梁来防止发生破坏。

6.1.5　剪力的应力、应变

当轴非常短时，力臂比较小，产生的力矩小，主要的应力是剪应力。如销子、螺栓、螺钉、铆钉、焊接点等结构连接件，这些力臂非常小，主要承受的是剪力。

$$\tau = \frac{F}{A_s}$$

A_s 是剪力作用的面积，和之前的面积不太一样：如果是螺栓，它是螺栓作用的平面（图 6-10）；如果是螺钉，它是螺钉作用的平面。

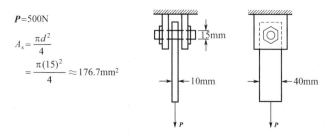

图 6-10　螺栓剪力

如图 6-10 所示是一个螺栓，螺栓固定了中间的平板，是一个连接件。我们购买螺栓的时候，商家都会提供一个 A_s 的参数值，我们就知道这是一个剪力的作用面积。计算出来的剪切应力是 2.8MPa，受到的应力小。

6.1.6　扭转力的应力、应变

T 为转矩，r 为轴的半径，J 为转动惯量，最外侧发生的扭转最大，因此剪应力也最大，轴心没有应变，轴心剪应力为 0。一般最大剪应力为最大拉应力的 $1/2$。

$$\tau = \frac{Tr}{J}$$

$$\tau_{\max} = \frac{Tc}{J}$$

实心圆轴
$$J = \frac{\pi d^4}{32}$$

空心圆轴
$$J = \frac{\pi(D^4 - d^4)}{32}$$

6.1.7 组合力

如果给一个斜向下的力，物体会受到水平和垂直的分力，垂直的是弯曲力，水平的是拉力。它的最大应力等于弯曲应力＋拉应力（图 6-11）。

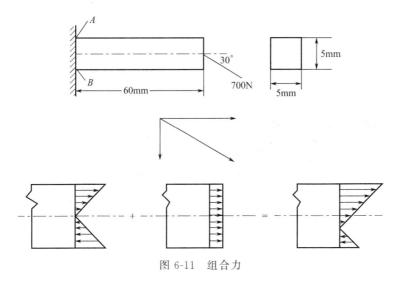

图 6-11 组合力

6.2 日常产品的结构特点

现代工业水平的快速进步，使人们的日常生活水品得到了很大改善。生活中所熟知的日常产品，小到一支笔大到家用电器如空调、彩电等，也已无时无刻地不占据我们生活的各个角落。区别于传统机械设备，日常产品在生活中很常见，着重强调使用的功能性，同时还必须注重功能与外观的结合且需求量相对较大。另外，日常产品区别于机械设备的另一特点是它对力学、材料等特性的要求不是那么复杂，但又由于在不同领域的使用方式不同，一些高标准设计的日常用品相对于其他简单的日常产品来说设计也会相对复杂，如电视机和手机。

日常产品根据功能性划分为文具类、清洁类等。这类日常产品一般具有使用频率高、结构相对简单、体积小等特点，如胶棉拖把、插线板等。

又由于日常产品使用环境的特点，它还必须保证审美价值与功能因素相辅相成地体现，而这些功能因素的体现也离不开我们对日常产品结构的创新设计。此类产品在设计时需要注意的是，在实现功能的同时，外观的美感也应该兼顾，比如自行车、键盘鼠标等3C产品。

日常产品自身机械设计内容相对简单，没有涉及深入的力学分析和运动学分析。同时还必须保证每个结构部分与外观的和谐统一。根据日常产品的用途和特点，日常产品的结构可分为静态结构和动态结构两种类型。

① 静态结构。此类产品的结构特点是各个零部件固定于产品，在使用过程中，不涉及产品零部件结构的运动，这种设计结构通常可以作为一个整体使用。这一类设计如我们生活中常见的固定桌椅、定量调料瓶等（图6-12）。

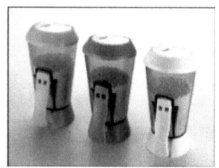

图 6-12　静态结构产品

② 动态结构。此类产品的结构特点是产品内的一些零部件可以发生相对运动，用来辅助产品功能的实现。同时根据动态结构特点，我们可将此类日常产品的结构分为设定在内部的结构和设定在外部的结构。设定在内部的动态结构如手动型卷笔刀，设定在外部的动态结构如胶棉拖把。如图 6-13。

基于日常产品的特点，在对产品结构进行分类的同时还应该考虑产品的外观因素。根据日常产品的外观因素，我们又可将日常产品的结构分为以下两类。

① 日常产品结构的设计布局要考虑外观。此类日常产品的结构特点是产品的整体结构的布局需考虑到产品的整体外观，而不需要过多地考虑针对产品每个结构内容进行单独的外观设计，这一类日常产品主要有电话座机、台灯等。

② 日常产品结构构件也要考虑到外观。此类日常产品的结构特点是对于产品的每个零部件的结构内容也要考虑外观，此类设计对于产品的细节设计内容有

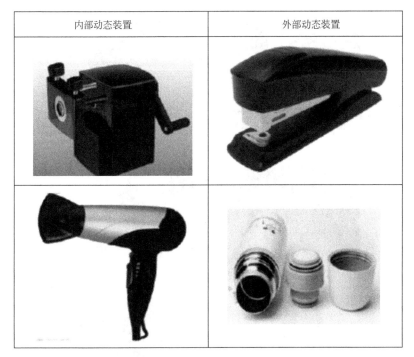

图 6-13 动态装置结构的日常产品

一定的外观要求，这一类日常产品主要有旅行箱、饮用水壶等。

6.3 静态结构形式

6.3.1 折叠结构

物品通过改变自身形状和尺寸来满足用户需要。

（1）分类

按照折的形式分为轴心式和平行式，按照叠的形式分为重叠式、套式和卷式（图 6-14）。

① 轴心式：以一个或多个轴心为折点的折叠结构。

② 平行式：利用几何学上的平行原理进行折叠的结构。

③ 重叠式：同一种物品在上下或者前后可以相互容纳，从而便于重叠放置。

④ 套式：大小不同但形态相同的物品组合在一起。

⑤ 卷式：可以使物品重复地展开和收拢。

(a) 轴心式

(b) 平行式

(c) 重叠式

(d) 套式

(e) 卷式

图 6-14　不同折叠结构产品

（2） 折叠结构特点

① 有效利用空间。

② 便于携带。

③ 一物多用。

④ 安全。

⑤ 降低运输成本。

⑥ 便于分类管理。

6.3.2 契合结构

契合是指两个物件个体相互咬合的一种形式。

（1） 分类

契合结构分为榫卯、拉链和拼图三种结构。

① 榫卯结构是最常用的一种结构，如图 6-15。这类结构诞生于中国，自古以来便是华夏建筑文化的精魄所在。榫卯构件中凸出部分称为榫，凹入部分则称为卯。榫卯的神奇之处在于，它能通过各种不同的契合手法，让结构中每一个小单元都被稳定地固定住，因而不需要一枚铁钉。

图 6-15　榫卯结构

② 拉链结构：有一滑动件可将两排齿拉入联锁位置使开口封闭，用来缝在衣服、口袋或皮包等上面（图 6-16）。

③ 拼图结构，如图 6-17 所示。

（2） 契合结构特点

① 有效利用材料。

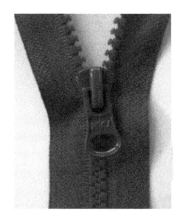

图 6-16　拉链结构

图 6-17　拼图结构

② 有利于组合和排列。

③ 便于归类整理。

6.3.3　连接结构

连接结构的运用几乎存在于所有产品结构中。连接结构分为可拆连接和固定连接。可拆连接分为插接、锁扣和螺旋，固定连接分为铆接、焊接和粘接（图 6-18）。

(a) 插接

(b) 锁扣

(c) 螺旋

(d) 铆接

图 6-18

(e) 焊接

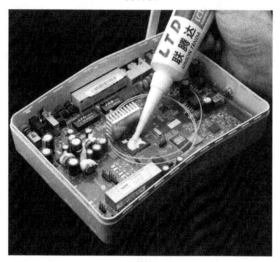

(f) 粘接

图 6-18　连接结构

① 插接：连接构件相应插装部位。

② 锁扣：靠材料本身的弹性实现连接。

③ 螺旋：螺旋结构操作简单、可靠性强。

④ 铆接：通过在构件上打孔再用铆钉铆合进行连接。

⑤ 焊接：机械加工中常用的方式之一。焊接的缺点是：a. 造型能力差，需借助辅助件造型；b. 加工精度低；c. 焊接产生内应力，容易变形。

⑥ 粘接：广泛运用的不可拆卸的连接方式。

6.3.4 壳体结构

壳体结构具有轻巧、坚固，并能节省材料的特点。壳体表面多为曲面，可以将载荷传递至支承；壳体结构难以抵抗集中载荷；壳体形态饱满而富有力度，灵巧而富有灵感，审美感较强（图 6-19）。

图 6-19　壳体结构

6.3.5 弹力结构

弹力结构是利用材料弹性形成的结构。弹力结构必须在外力作用下才能发生作用；弹力具有双向性，既有拉，又有压；细长材料，受到两端压力时，容易弯曲，受到两端的拉力时，能发挥强大的抵抗力，所以细长材料更能发挥出拉的力学效应（图 6-20）。

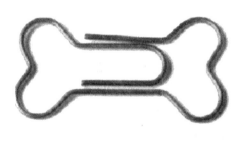

图 6-20　弹力结构

6.3.6 气囊结构

气囊结构指的是能承受周围空气压力、释放和传递外力，并使柔性的薄膜材料充气后成为一个匀质而有弹性的结构体。气囊结构必须有抗压作用，不能漏气；结构体气压必须保持均匀稳定，从而保证充气后褶皱少，饱满而挺拔；结构体内部空间要贯通，以最大限度地发挥气囊整体的支撑作用(图 6-21)。

图 6-21　气囊结构

6.4　动态结构形式

动态结构形式主要研究的是构件间可动连接的形式及其运动和传力特征。

6.4.1　构件组成

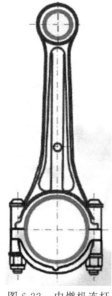

① 构件：机械的运动单元，传递运动和力的载体。例如内燃机中的缸体、活塞、连杆、曲轴等（图 6-22）。

一个构件也可以用几个零件刚性连接构成。例如连杆由连杆体、轴瓦、连杆盖、螺栓、垫圈、螺母、连杆衬套等相互刚性连接组成（图 6-23）。

② 运动副：两个构件以具有一定几何形状和尺寸的表面相互接触所形成的可动连接。运动副元素是指两个构件上相互接触的表面。约束是指运动副对构件间的相对运动自由度所施力的限制。

构件的接触形式有点接触、线接触和面接触。

a. 点接触和线接触：具有较多的自由度，易于构件的自动调整，保持静定特征；接触应力大，易变

图 6-22　内燃机连杆

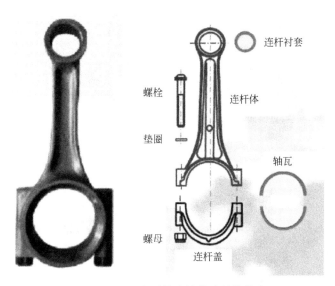

连杆衬套

螺栓

连杆体

垫圈

轴瓦

螺母

连杆盖

图 6-23　几个零件连接构成的构件

形，易磨损，承载能力低；制造比较困难。适用于结构简单、运动精度要求较高、受力较小的产品。

b. 面接触：相当于多点接触，承载能力较高，应用广泛。运动副的自由度一般较低，其接触状况对尺寸、形状及相对位置误差十分敏感，实际接触及受力状况难以准确确定，需要较高的制造精度。

保证运动副可靠工作的措施有提高表面硬度、正确选用材料、添加润滑剂和加入中间体，将滑动摩擦改为滚动摩擦。

运动副（图 6-24）的分类如下。

a. 按运动副的接触形式分类，分为低副（面与面接触的运动副）和高副（点、线接触的运动副）。

b. 按两构件相对运动的形式分类，分为平面运动副和空间运动副。

c. 按接触部分的几何形状分类，分为圆柱副、球面副、螺旋副、球面-平面副、平面-平面副、球面-圆柱副、圆柱-平面副等。

6.4.2　常用机构及其设计

常用机构及其设计如图 6-25。

(a) 图柱-平面副

(b) 球面副

(c) 球销副

(d) 圆柱副

(e) 螺旋副

(f) 轴承副

(g) 铰链

(h) 移动副

图 6-24　不同种类的运动副

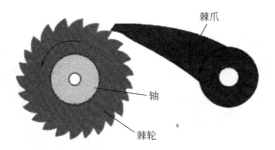

(a) 棘轮机构

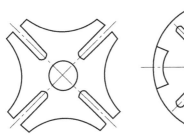 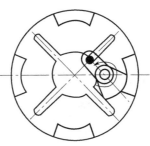

(b) 槽轮机构

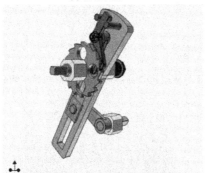

(c) 擒纵轮机构

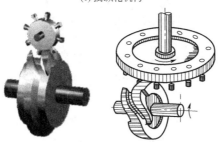

(d) 凸轮间歇运动机构

图 6-25

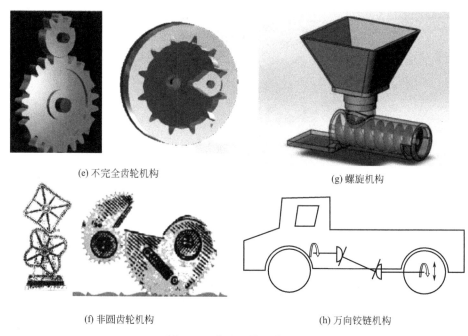

(e) 不完全齿轮机构　　　　　　　　　　(g) 螺旋机构

(f) 非圆齿轮机构　　　　　　　　　　(h) 万向铰链机构

图 6-25　常用机构及其设计

·习　题·

习题 6-1　观察下图中家具产品所用材料，并进行材料和结构设计分析。

习题 6-2　平衡车是锻炼身体协调能力及平衡感的重要运动工具，更是相互交流、彼此互动、培养感情的童车类玩具。请通过平衡车产品设计属性、产品设计要素及产品设计原则的相关理论内容进行设计实践，以"趣味性"作为方案的设计主题进行该产品材料与结构的设计。

参考文献

［1］ 马克·米奥多尼克．迷人的材料［M］．北京： 北京联合出版公司， 2015.

［2］ 郑建启， 刘杰成．设计材料工艺学［M］．北京： 高等教育出版社， 2017.

［3］ 邱潇潇， 许莹， 延鑫．工业设计材料与加工工艺［M］．北京： 高等教育出版社， 2007.

［4］ 张建华， 夏兴华．家具材料［M］．青岛： 中国海洋大学出版社， 2017.

［5］ 于伸．家具造型与结构设计［M］．哈尔滨： 黑龙江科技出版社， 2004.

［6］ 刘一星， 赵广杰．木材学［M］．北京： 中国林业出版社， 2012.

［7］ 克里斯·拉夫特里．产品设计工艺： 经典案例解析［M］．北京： 中国青年出版社， 2008.

［8］ 克里斯·莱夫特瑞．设计师的设计材料书［M］．北京： 电子工业出版社， 2017.

［9］ 颜艳．探究铝合金材质在产品设计中的应用［D］．北京： 北京理工大学， 2015.

［10］ 何国利．轻工业产品外观结构设计实现的综合优化研究——以智能膝部康复仪改良设计为例［D］．成都： 西南交通大学， 2013.

［11］ 鲁礼娟．家具设计中材料表现力的研究［D］．长沙： 中南林业科技大学， 2009.

［12］ 张进．基于自顶向下设计方法的日常产品结构设计研究与应用［D］．成都： 成都理工大学， 2016.

［13］ 龚剑波．基于椅子的金属与塑料材质视觉特性研究［D］．南京： 南京林业大学， 2012.

［14］ 董玉川．产品设计中塑料制件的选材研究［D］．北京： 北京服装学院， 2013.

［15］ 王娴雅．产品设计中材料质感的表现方法研究［D］．南京： 南京理工大学， 2014.

［16］ 杨茜怡．材质在产品设计中的运用与情感体验探究—手机壳设计实践［D］．武汉： 武汉理工大学， 2013.

［17］ 王蕾．混搭正当时——混搭解析及其在产品设计中的应用研究［D］．无锡： 江南大学， 2009.

［18］ 刘小旭．木材与其它材质混搭在家具设计中的应用研究［D］．南京： 南京林业大学， 2016.

［19］ 翁宜汐．中国外销日用瓷餐具设计策略研究［D］．南京： 南京艺术学院， 2015.

［20］ 蒋民华．神奇的新材料： 材料卷［M］．济南： 山东科学技术出版社， 2005.

［21］ 殷晓晨， 张良．产品设计材料与工艺［M］．合肥： 合肥工业大学出版社， 2009.

［22］ 阿什比， 约翰逊．材料与设计： 产品设计中材料选择的艺术与科学［M］．北京： 中国建筑工业出版社， 2010.

［23］ 闫伟．不锈钢食具产品风险监测结果报告［J］．中国科技信息， 2019.

［24］ 李冬， 陈导．产品设计中绿色设计理念的应用［J］．大众文艺， 2020， 481(07)： 68-69.

［25］ 张杰．家具设计中选材的适应性研究［J］．科协论坛： 下半月， 2008， 000(001)： P. 87-87.

［26］ 赵军生．金属材料在现代工业产品设计中的创新应用研究［J］．世界有色金属，2019，000（006）：243，245.

［27］ 易博成，王玲．论绿色材料对现代产品设计的影响［J］．农家参谋，2019，619（10）：197-197.

［28］ 牛玉．绿色设计观念在工业设计中的应用与实例分析［J］．科技经济市场，2016（12）：30-32.

［29］ 樊金园．平衡车的产品设计分析［J］．黑河学院学报，2020，v.11；No.81（03）：148-150.

［30］ 谭补辉．浅析塑料产品选材方法［J］．商品与质量，2012.

［31］ 毛卫国，徐伟，黄琼涛，等．实木家具力学性能与选材指标分析［J］．林业工程学报，2015，29（006）：127-131.

［32］ 黎运焓，钟厦，宁芳．智能手机产品视觉体验研究［J］．机电产品开发与创新，2019，32（01）：42-45.